发电生产“1000个为什么”系列书

分布式光伏发电并网知识1000问

王晴　编著

中国电力出版社
CHINA ELECTRIC POWER PRESS

内 容 提 要

为帮助读者快速掌握光伏发电知识，推进光伏并网项目快速接入，本书采用问答形式，重点介绍了分布式光伏发电技术及相关管理要求。主要内容包括：分布式电源接入电网管理，分布式电源接入电网技术，光伏电站接入电网技术，分布式光伏发用电合同，分布式电源接入系统设计方案，安全设施。

本书可供电网企业营销生产人员、分布式光伏发电项目工作人员、电力客户阅读使用。

图书在版编目（CIP）数据

分布式光伏发电并网知识 1000 问/王晴编著．—北京：中国电力出版社，2017.10（2025.4重印）

（发电生产“1000 个为什么”系列书）

ISBN 978-7-5198-1111-2

Ⅰ.①分… Ⅱ.①王… Ⅲ.①太阳能光伏发电—问题解答 Ⅳ.①TM615-44

中国版本图书馆 CIP 数据核字（2017）第 217897 号

出版发行：中国电力出版社
地　　址：北京市东城区北京站西街 19 号（邮政编码 100005）
网　　址：http：//www.cepp.sgcc.com.cn
责任编辑：畅　舒
责任校对：马　宁
装帧设计：赵姗姗　张俊霞
责任印制：蔺义舟

印　　刷：北京天宇星印刷厂
版　　次：2017 年 10 月第一版
印　　次：2025 年 4 月北京第四次印刷
开　　本：880 毫米×1230 毫米　32 开本
印　　张：9.5
字　　数：225 千字
印　　数：3501—4000 册
定　　价：29.80 元

版权专有　侵权必究

本书如有印装质量问题，我社营销中心负责退换

前　言

分布式电源是利用分散资源满足当地用户能源需要，解决农村偏远地区用电问题的重要途径。分布式电源特别是光伏发电已经成为我国重要的战略性新型产业，其应用对优化能源结构、保障能源安全、改善生态环境、提高清洁能源利用效率具有重大战略意义。近年来，国家高度重视分布式光伏发电的应用，鼓励分布式光伏发电与农户扶贫、新农村建设、农业设施改进相结合，促进农村居民生活改善和农村经济发展，分布式光伏发电项目的推广应用已成为稳增长调结构促改革惠民生的重要举措。

随着分布式光伏发电项目并网投运呈上升趋势，电网企业营销生产人员、分布式光伏发电项目工作人员、电力客户有必要了解和掌握分布式电源相关知识。希望读者通过阅读本书，即能够在较短的时间内掌握相关内容，并对实际工作起到指导和参考作用。本书共分六章，第一章为分布式电源接入电网管理，第二章为分布式电源接入电网技术，第三章为光伏电站接入电网技术，第四章为分布式光伏发用电合同，第五章为分布式电源接入系统设计方案，第六章为安全设施。

本书编写过程中，参考了一些国内相关的技术规程和管理制度，在此对相关作者深表谢意。由于编者水平有限，时间仓促，书中不当之处敬请广大读者给予批评指正。

编　者

2017 年 8 月

目　录

第一章

分布式电源接入电网管理

1. 何谓分布式电源？

答：分布式电源是指在客户所在场地或附近建设安装，运行方式以客户侧自发自用为主、多余电量上网，且以配电网系统平衡调节为特征的发电设施或有电力输出的能量综合梯级利用多联供设施。一般指以同步电机、感应电机、变流器等形式接入35kV及以下电压等级电网的分布式电源。

2. 分布式电源的发电形式包括哪几种？

答：分布式电源的发电形式包括太阳能发电、天然气发电、生物质能发电、风能发电、地热能发电、海洋能发电、资源综合利用发电（含煤矿瓦斯发电）等。

3. 常用的分布式电源并网有几种类型？分别是什么？

答：常用的分布式电源并网有两种类型。

第一种类型：10kV及以下电压等级接入，且单个并网点总装机容量在6MW及以下的分布式电源。

第二种类型：35kV电压等级接入，年自发自用电量大于50%的分布式电源；或10kV电压等级接入，且单个并网点总装机容量在6MW以上，年自发自用电量大于50%的分布式电源。

4. 对分布式电源发电、用电有什么要求？

答：分布式电源发电量可以全部自用或自发自用、余电上网，由客户自行选择，客户不足电量由电网提供。上网电量与电网供给电量分开结算，供电公司应按照国家规定的电价标准全额保障性收购上网电量，为享受国家补贴的分布式电源提供补贴计量和结算服务。

5. 供电公司对于分布式电源并网不收取服务费用的项目有哪些?

答: 供电公司在并网申请受理、项目备案、接入系统方案制订、设计审查、电能表安装、合同和协议签署、并网验收与调试、补助电量计量和补助资金结算服务项目中，不收取任何服务费用。

6. 供电公司在受理分布式电源客户并网申请时，应提供哪些服务?

答: 供电公司在受理分布式电源客户并网申请时，应主动提供并网咨询、并网办理流程说明、相关政策规定解释、并网工作进度查询等服务，履行“一次告知”义务；接受、查验并网申请资料，协助客户填写并网申请表，并于受理当日录入营销业务应用系统。

7. 分布式电源并网申请表需填写哪些内容?

答: 分布式电源并网申请表需填写申请日期、申请单位、申请个人、受理人、受理日期、受理单位、项目编号、项目名称、项目地址、项目类型、项目投资方、项目联系人、联系人电话、联系人地址、装机容量、意向并网电压等级、发电量意向消纳方式、意向并网点、计划开工时间、计划投产时间、用电情况、主要用电设备、客户提供资料清单、告知事项等。

8. 分布式电源客户有几类?申请时需提供的资料清单分别有哪些内容?

答: 客户有两类，一类是自然人，另一类是法人。

(1) 自然人申请需提供的资料为：经办人身份证原件及复印件、户口本、房产证（或乡镇及以上级政府出具的房屋使用证明)、项目合法性支持性文件。

(2) 法人申请需提供的资料为：经办人身份证原件及复印件、

法人委托书原件（或法定代表人身份证原件及复印件）、企业法人营业执照、土地证项目合法性支持性文件、政府投资主管部门同意项目开展前期工作的批复（需核准项目）、发电项目前期工作及接入系统设计所需资料。大工业客户还要提供用电电网相关资料。

9. 分布式电源客户在填写并网申请表时，供电公司应告知的事项有哪些?

答：（1）并网申请表信息由供电公司工作人员录入，申请单位（或个人客户的经办人）与供电公司工作人员共同签章确认。

（2）分布式电源客户工程报装申请要与分布式电源接入申请分开受理。

（3）分布式电源接入系统方案制定应在客户接入系统方案审定后开展。

（4）合同能源管理项目、公共屋顶光伏项目申请时还需提供建筑物及设施使用或租用协议。

（5）对于现有客户，年用电量填写为上一年度用电量；新报装客户，年用电量依据报装负荷折算。

（6）分布式电源并网申请表一式两份，供电公司与客户双方各执一份。

（7）住宅小区居民使用公共区域建设分布式电源时，需提供物业、业主委员会或居民委员会的同意建设证明。

10. 客户意向并网电压等级有几种？分别是多少?

答：客户意向并网电压等级有 6 种，分别是 35kV、20kV、10kV、6kV、380V 和 220V。

11. 客户装机容量有几类？分别是什么?

答：客户装机容量有三类，分别是投产规模、本期规模、终期规模，单位均为 kW。

12. 客户项目类型有哪些?

答: 客户项目类型有光伏发电、天然气冷热电三联供、生物质发电、风力发电、地热发电、海洋能发电、资源综合利用发电(含煤矿瓦斯发电)。

13. 客户发电量意向消纳方式有哪些?

答: 客户发电量意向消纳方式有自发自用和合同能源管理两种。

14. 380V (220V) 分布式电源项目设计审查需提供的材料有哪些?

答: 380V(220V)项目分布式电源设计审查需提供的材料有以下内容:

(1)核准(或备案)文件。

(2)若委托第三方管理,应提供项目管理方资料(工商营业执照、税务登记证、与用户签署的合作协议复印件)。

(3)设计单位资质复印件。

(4)接入工程初步设计报告、图纸及说明书。

(5)主要电气设备一览表。

(6)继电保护方式。

(7)电能计量方式。

(8)项目建设进度计划。

15. 10kV 逆变类分布式电源项目设计审查需提供的材料有哪些?

答: 10kV逆变类分布式电源项目设计审查需提供的材料有以下内容:

(1)核准(或备案)文件。

(2)若委托第三方管理,应提供项目管理方资料(工商营业执照、税务登记证、与用户签署的合作协议复印件)。

(3)设计单位资质复印件。

（4）接入工程初步设计报告、图纸及说明书。

（5）主要电气设备一览表。

（6）继电保护方式。

（7）电能计量方式。

（8）项目建设进度计划。

（9）项目可行性研究报告。

（10）隐蔽工程设计资料。

（11）高压电气装置一、二次接线图及平面布置图。

16. 10kV旋转电机类分布式电源项目设计审查需提供的材料有哪些？

答：10kV旋转电机类项目分布式电源设计审查需提供的材料有以下内容：

（1）核准（或备案）文件。

（2）若委托第三方管理，应提供项目管理方资料（工商营业执照、税务登记证、与用户签署的合作协议复印件）。

（3）设计单位资质复印件。

（4）接入工程初步设计报告、图纸及说明书。

（5）主要电气设备一览表。

（6）继电保护方式。

（7）电能计量方式。

（8）项目建设进度计划。

（9）项目可行性研究报告。

（10）隐蔽工程设计资料。

（11）高压电气装置一、二次接线图及平面布置图。

17. 35kV分布式电源项目设计审查需提供的材料有哪些？

答：35kV项目分布式电源设计审查需提供的材料有以下内容：

（1）核准（或备案）文件。

（2）若委托第三方管理，应提供项目管理方资料（工商营业执照、税务登记证、与用户签署的合作协议复印件）。

（3）设计单位资质复印件。

（4）接入工程初步设计报告、图纸及说明书。

（5）主要电气设备一览表。

（6）继电保护方式。

（7）电能计量方式。

（8）项目建设进度计划。

（9）项目可行性研究报告。

（10）隐蔽工程设计资料。

（11）高压电气装置一、二次接线图及平面布置图。

18. 分布式电源设计审查结果通知单包括哪些内容？

答：分布式电源设计审查结果通知单包括项目编号、申请日期、项目名称、项目地址、项目类型、项目投资方、项目联系人电话、联系人地址、业务性质、并网点、本期装机规模、接入方式、审查内容和结果、审查单位公章、告知事项等内容。

19. 分布式电源设计审查结果通知单中的“项目类型”具体包括哪些类型？

答：分布式电源设计审查结果通知单中的“项目类型”具体包括：光伏发电、天然气冷热电三联供、生物质发电、风力发电、地热发电、海洋能发电、资源综合利用发电（含煤矿瓦斯发电）。

20. 分布式电源设计审查结果通知单中的“业务性质”具体包括哪些内容？

答：分布式电源设计审查结果通知单中的“业务性质”具体包括“新建”和“扩建”。

21. 分布式电源设计审查结果通知单中的“接入方式”具体包括哪些内容？

答：分布式电源设计审查结果通知单中的“接入方式”具体

包括“T接”和“专线接入”。

22. 分布式电源设计审查结果通知单中的“告知事项”具体包括哪些内容?

答: 分布式电源设计审查结果通知单中的“告知事项”具体包括以下内容:

(1) 如果设计变更，应将变更后的设计文件再次送审，通过审核后方可据以施工。

(2) 承揽电气工程的施工单位应符合《承装(修、试)电力设施许可证管理办法》规定，具备政府有权部门颁发建筑业企业资质证书、安全生产许可证等，并依据审核通过的图纸进行施工。

23. 对分布式电源客户工程设计有何要求?

答: 项目业主自行委托具备资质的设计单位，按照答复的接入系统方案开展工程设计。供电公司负责受理项目业主设计审查申请，接受并查验客户提交的设计文件，审查合格后方能正式受理。

24. 供电公司受理客户设计审查的流程是什么?

答: 供电公司在受理客户设计审查申请后，由供电公司负责组织本单位相关部门，依照国家、行业标准以及批复的接入系统方案对设计文件进行审查，并出具审查意见告知项目业主，项目业主根据答复意见开展接入系统工程建设等后续工作。如果因客户自身原因需要变更设计的，应将变更后的设计文件提交供电公司，审查通过后方可实施。

25. 承揽分布式电源接入工程的施工单位应具备哪些资质?

答: 由用户出资建设的分布式电源及其接入系统工程，其设计单位、施工单位及设备材料供应单位由用户自主选择。承揽接入工程的施工单位应具备政府主管部门颁发的承装(修、试)电力设施许可证、建筑业企业资质证书、安全生产许可证。设备选型应符合国家与行业安全、节能、环保要求和标准。

26. 分布式电源接入系统方案有哪些要求？

答：分布式电源接入系统方案要求：供电公司组织相关人员开展现场勘查，并填写现场勘查工作单，根据现场勘查情况，按照国家、行业、企业相关技术标准及规定，参考《分布式电源接入系统典型设计》制定接入系统方案。对于自然人利用自有住宅及其住宅区域内建设的 380/220V 分布式光伏发电项目，供电公司可根据当地实际情况编制典型接入系统方案模板，由供电公司根据此模板与客户确定接入系统方案。

27. 分布式电源接入系统方案项目业主确认单如何办理？

答：分布式电源接入系统方案制定并审核确定后，由供电公司打印《分布式电源接入系统方案项目客户确认单》（简称《确认单》）和《分布式电源接入系统方案》（简称《方案》）同时送交客户，《确认单》上要明确提出“××项目接入系统申请已受理，接入系统方案已制订完成，现将接入系统方案、接入电网意见函（适用于 35kV、10kV 接入项目）告知你处，请收到后，确认签字，并将本单返还供电公司。若有异议，请到供电公司进行咨询。”如果项目单位审查《方案》没有异议，项目单位应在《确认单》上加盖单位公章，由项目经办人签字并填写日期。供电公司同时在《确认单》上加盖单位公章、并填写日期，之后供电公司将《确认单》带回，此时可认为分布式电源接入系统方案项目客户确认单办理完毕。

28. 供电公司如何向自然人提供分布式光伏发电项目备案服务？

答：对于自然人利用自有住宅及其住宅区域内建设的分布式光伏发电项目，供电公司在收到项目接入系统方案确认单后，根据当地能源主管部门项目备案管理办法，按月集中代自然人项目业主向当地能源主管部门进行项目备案，备案文件同时抄送供电公司备查。

29. 签订发、用电合同时应注意什么?

答: 供电公司负责按照统一格式合同文本办理发、用电合同签订工作。其中，发电项目业主与电力用户为同一法人的，与项目业主（即电力用户）签订发、用电合同；发电项目业主与电力用户为不同法人的，与电力用户、项目业主签订三方发、用电合同。供电公司负责起草、签订 35kV 及 10kV 接入项目调度协议。合同提交供电公司财务、法律等相关部门会签。其中，自发自用、余电上网的分布式电源发、用电合同签订后报供电公司上级主管单位备案。

30. 电能计量表计的安装要求是什么?

答: 供电公司负责电能计量表计的安装工作，分布式电源的发电出口以及与公用电网的连接点均应安装具有电能信息采集功能的计量表，实现对分布式电源的发电量和电力用户上、下网电量的准确计量。分布式电源并网运行信息采集及传输应满足《电力二次系统安全防护规定》等相关制度标准要求。

31. 35kV 及 10kV 接入电网项目由谁组织验收?

答: 35kV、10kV 接入项目，由供电公司调控管理部门负责组织相关部门开展项目并网验收工作、出具并网验收意见，并开展并网调试有关工作，调试通过后直接转入并网运行。如果验收调试不合格，由供电公司调控中心提出整改方案。

32. 380（220）V 接入电网项目由谁组织验收?

答: 380（220）V 接入项目，由供电公司营销管理部门负责组织相关部门开展项目并网验收及调试、出具并网验收意见，验收调试通过后直接转入并网运行。如果验收调试不合格，由供电公司营销管理部门提出整改方案。

33. 分布式电源项目并网验收与调试步骤有哪些?

答: 完成电能计量表安装、合同与协议签订后，供电公司负责受理项目业主并网验收与调试申请，协助项目业主填写申请表，组织对分布式电源项目进行现场验收和调试，验收、调试合格后接收、审验、存档相关材料。

34. 分布式电源项目并网验收与调试申请表中有哪些内容?

答: 分布式电源项目并网验收与调试申请表包括：项目编号、申请日期、项目名称、项目地址、项目类型、项目投资方、项目联系人电话及联系人地址、并网点、并网点接入方式、计划验收完成时间、计划并网调试时间、并网点位置、电压等级、发电机组（单元）容量简单描述、申请单位公章、申请个人或经办人签字、受理单位公章、受理人、受理日期、告知事项等。

35. 分布式电源项目并网验收与调试申请表中的“告知事项”应填写哪些内容?

答: 分布式电源项目并网验收与调试申请表中的“告知事项”应填写“具体验收与调试时间将电话通知项目联系人、申请表要一式两份，双方各执一份”等内容。

36. 申请单位在分布式电源项目并网验收与调试申请表上盖章之前应确认哪些内容?

答: 申请单位应确认申请表中的信息及提供的资料真实准确、单位工程已完成并网前验收及调试、具备并网调试条件后，方可在分布式电源项目并网验收与调试申请表上盖章。

37. 受理单位在分布式电源项目并网验收与调试申请表上盖章之前应确认哪些内容?

答: 受理单位应确认客户提供的资料确已审核、并网申请已受理后，方可在分布式电源项目并网验收与调试申请表上盖章。

38. 分布式电源项目并网验收与调试申请表中的“项目类型”具体包括哪些类型?

答: 分布式电源项目并网验收与调试申请表中的“项目类型”具体包括光伏发电、天然气冷热电三联供、生物质发电、风力发电、地热发电、海洋能发电、资源综合利用发电（含煤矿瓦斯发电）。

39. 380V 项目分布式电源并网调试和验收时需提供的材料有哪些?

答: 380V 项目分布式电源并网调试和验收时需提供的材料有:

（1）施工单位资质复印件，包括承装电力设施许可证、检修电力设施许可证、试验电力设施许可证、建筑企业资质证书、安全生产许可证。

（2）主要设备包括发电设备、逆变器、变电设备、断路器、刀闸等设备的技术参数、型式认证报告或质检证书。

（3）并网前单位工程调试报告、记录。

（4）并网前单位工程验收报告、记录。

（5）并网前设备电气试验、继电保护整定、通信联调、电能量信息采集调试记录。

（6）若需核准（或备案），提供核准（或备案）文件。

（7）若委托第三方管理，提供项目管理方资料（工商营业执照、税务登记证、与用户签署的合作协议复印件）。

40. 10kV 逆变类项目分布式电源并网调试和验收时需提供的材料有哪些?

答: 10kV 逆变类项目分布式电源并网调试和验收时需提供的材料有:

（1）施工单位资质复印件，包括承装电力设施许可证、检修电力设施许可证、试验电力设施许可证、建筑企业资质证书、安全生产许可证。

（2）主要设备包括发电设备、逆变器、变电设备、断路器、刀闸等设备的技术参数、型式认证报告或质检证书。

（3）并网前单位工程调试报告、记录。

（4）并网前单位工程验收报告、记录。

（5）并网前设备电气试验、继电保护整定、通信联调、电能量信息采集调试记录。

（6）若需核准（或备案），提供核准（或备案）文件。

（7）若委托第三方管理，提供项目管理方资料（工商营业执照、税务登记证、与用户签署的合作协议复印件）。

（8）项目可行性研究报告。

（9）接入系统工程设计报告、图纸及说明书。

（10）主要电气设备一览表。

41. 10kV 旋转电机类项目分布式电源并网调试和验收时需提供的材料有哪些？

答：10kV 旋转电机类项目分布式电源并网调试和验收时需提供的材料有：

（1）施工单位资质复印件，包括承装电力设施许可证、检修电力设施许可证、试验电力设施许可证、建筑企业资质证书、安全生产许可证。

（2）主要设备包括发电设备、逆变器、变电设备、断路器、刀闸等设备的技术参数、型式认证报告或质检证书。

（3）并网前单位工程调试报告、记录。

（4）并网前单位工程验收报告、记录。

（5）并网前设备电气试验、继电保护整定、通信联调、电能量信息采集调试记录。

（6）并网启动调试方案。

（7）项目运行人员名单及人员专业资质证书复印件。

（8）若需核准（或备案），提供核准（或备案）文件。

（9）若委托第三方管理，提供项目管理方资料（工商营业执照、税务登记证、与用户签署的合作协议复印件）。

（10）项目可行性研究报告。

（11）接入系统工程设计报告、图纸及说明书。

（12）主要电气设备一览表。

42. 35kV 项目分布式电源并网调试和验收时需提供的材料有哪些？

答：35kV 项目分布式电源并网调试和验收时需提供的材料有：

（1）施工单位资质复印件，包括承装电力设施许可证、检修电力设施许可证、试验电力设施许可证、建筑企业资质证书、安全生产许可证。

（2）主要设备包括发电设备、逆变器、变电设备、断路器、刀闸等设备的技术参数、型式认证报告或质检证书。

（3）并网前单位工程调试报告、记录。

（4）并网前单位工程验收报告、记录。

（5）并网前设备电气试验、继电保护整定、通信联调、电能量信息采集调试记录。

（6）并网启动调试方案。

（7）项目运行人员名单（及专业资质证书复印件）。

（8）若需核准（或备案），提供核准（或备案）文件。

（9）若委托第三方管理，提供项目管理方资料（工商营业执照、税务登记证、与用户签署的合作协议复印件）。

（10）项目可行性研究报告。

（11）接入系统工程设计报告、图纸及说明书。

（12）主要电气设备一览表。

43. 10kV 分布式电源项目接入电网的工作步骤有哪些？

答：10kV 接入电网分布式电源项目工作流程是：受理申请→现场勘查→制定方案→审查方案→答复方案→出具接网函→答复接网函→审查设计文件→受理验收申请→计量装置安装→签订《并网调度协议》→签订《发用电合同》→并网验收调试→10kV

分布式电源接入电网。

44. 380V分布式电源项目接入电网的工作步骤有哪些？

答：380V接入电网分布式电源项目工作流程是：受理申请→现场勘查→制定方案→审查方案→答复方案→受理验收申请→计量装置安装→签订《发用电合同》→并网验收调试→380V分布式电源接入电网。

45. 220V分布式电源项目接入电网的工作步骤有哪些？

答：220V接入电网分布式电源项目工作流程是：受理申请→现场勘查→制定方案→审查方案→答复方案→受理验收申请→计量装置安装→签订《发用电合同》→并网验收调试→220V分布式电源接入电网。

46. 按照电能消纳方式的不同，分布式电源发电项目可分为几种？

答：分布式电源发电项目可分为分布式电源发电全部上网，分布式电源发电全部自用，分布式电源自发自用、余电上网三种。

47. 何谓分布式电源发电全部上网？

答：全部上网即发电量全部由供电公司按上网电价收购，用电量全部按销售电价结算。

48. 何谓分布式电源发电全部自用？

答：全部自用即发电量全部用于客户自用，供电公司仅与客户结算用网电量。

49. 何谓分布式电源自发自用、余电上网？

答：自发自用、余电上网即发电量自用有余的上网部分，供电公司按上网电价结算，客户所用下网电量按销售电价结算。

第二章

分布式电源接入电网技术

50. 何谓并网点?

答: 并网点指与公用电网直接连接的变压器高压侧母线，一般指以同步电机、感应电机、变流器等形式接入35kV及以下电压等级电网的分布式电源并网点；对于不通过变压器直接接入公共电网的电源，并网点指分布式电源的输出汇总点，并网点也称接入点。

51. 并网点在并网图中如何确定?

答: 对于有升压站的分布式电源，并网点为分布式电源升压站高压侧母线或节点；对于无升压站的分布式电源，并网点为分布式电源的输出汇总点。如图2-1所示，A_1、B_1点分别为分布式电源A、B的并网点，C_1点为常规电源C的并网点。

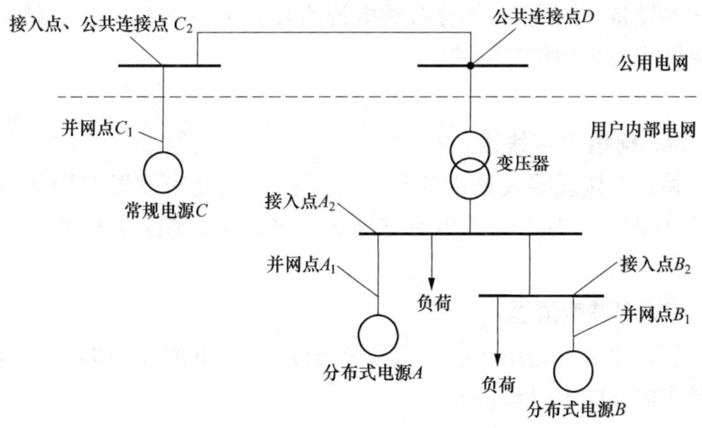

图2-1　分布式电源并网图

52. 接入点的定义及其在并网图中如何确定？

答： 接入点指电源接入电网的连接处，该电网既可能是公共电网，也可能是用户电网。如图 2-1 所示，A_2、B_2 点分别为分布式电源 A、B 的接入点，C_2 为常规电源 C 的接入点。

53. 公共连接点的定义及其在并网图中如何确定？

答： 公共连接点指用户系统（发电或用电）接入公用电网的连接处。如图 2-1 所示，C_2、D 点均为公共连接点，A_2、B_2 点不是公共连接点。

54. 接入系统工程在并网图中如何划分？

答： 如图 2-1 所示，A_1—A_2、B_1—B_2 和 C_1—C_2 输变电工程以及相应电网改造工程分别为分布式电源 A、B 和常规电源 C 接入系统工程，其中，A_1—A_2、B_1—B_2 输变电工程由用户投资，C_1—C_2 输变电工程由电网企业投资。

55. 何谓专线接入？

答： 专线接入是指分布式电源接入点处设置分布式电源专用的开关设备（间隔），如分布式电源直接接入变电站、开关站、配电室母线或环网柜等方式。

56. 何谓 T 接线接入？

答： T 接线接入是指分布式电源接入点处未设置专用的开关设备（间隔），如分布式电源直接接入架空或电缆线路方式。

57. 何谓变流器？

答： 变流器是用于将电能变换成适合于电网使用的一种或多种形式电能的电气设备。

58. 何谓功率变换系统？

答： 功率变换系统是具备控制、保护和滤波功能、用于电源和电网之间接口的静态功率变换的系统，有时也被称为功率调节子系统或者功率调节单元。

59. 变流器并网后的运行规定是什么？

答：由于变流器整体化的属性，变流器当维修或维护时才可以与电网完全断开。在其他所有的时间里，无论变流器是否向电网输送电力，其控制电路应保持与电网连接，以监测电网状态。当发生跳闸时（例如过电压跳闸），变流器不会与电网完全断开。变流器维护时可以通过一个电网交流断路开关来实现与电网完全断开。

60. 何谓变流器类型电源？

答：指采用变流器连接到电网的电源。

61. 何谓同步电机类型电源？

答：指通过同步电机发电的电源。

62. 何谓异步电机类型电源？

答：指通过异步电机发电的电源。

63. 何谓公共连接点？

答：指电力系统中一个以上用户的连接处。

64. 功率因数如何计算？

答：功率因数由电源输出总有功功率与总无功功率计算而得。

65. 非计划性孤岛现象发生会造成什么后果？

答：非计划性孤岛现象发生会造成：①可能危及电网线路维护人员和用户的生命安全；②干扰电网的正常合闸；③电网不能控制孤岛中的电压和频率，从而损坏配电设备和用户设备。

66. 分布式电源接入电网的原则是什么？

答：分布式电源接入电网的原则包括：

（1）并网点的确定原则为电源并入电网后能有效输送电力并且能确保电网的安全稳定运行。

（2）当公共连接点处接入一个以上的电源时，应总体考虑各个连接点的影响。分布式电源总容量原则上不宜超过上一级变压器供电区域内最大负荷的 25%。

（3）分布式电源并网点的短路电流与分布式电源额定电流之比不宜低于 10。

（4）经过技术经济比较，分布式电源采用低一电压等级接入优于高一电压等级接入时，可采用低一电压等级接入。

67. 分布式电源并网电压等级应按照装机容量的多少进行选择？

答：分布式电源并网电压等级应按照以下装机容量进行选择：

（1）8kW 及以下可接入 220V 电网；

（2）8～400kW 可接入 380V 电网；

（3）400～6000kW 可接入 10kV 电网；

（4）5000～30 000kW 以上可接入 35kV 电网。

68. 分布式电源接入系统方案应包括哪些内容？

答：分布式电源接入系统方案的内容应包括：分布式电源项目建设本期规模、分布式电源项目建设终期规模、开工时间、投产时间、系统一次和二次方案、主设备参数、产权分界点设置、计量关口点设置、关口电能计量方案等。

69. 分布式电源接入系统一次方案应包括哪些内容？

答：分布式电源接入系统一次方案应包括一个并网点和并网电压等级、接入容量和接入方式、电气主接线图、防雷接地要求、无功配置方案、互联接口设备参数等。对于多个并网点项目，项目并网电压等级以其中的最高电压为准。

70. 分布式电源接入系统二次方案应包括哪些内容?

答: 分布式电源接入系统二次方案应包括:继电保护装置、自动化配置要求以及监控、通信系统要求等。

71. 分布式电源接入系统的方式有哪些?

答: 分布式电源项目方式有专线和T接两种方式接入系统。

72. 接入系统的分布式电源应采用哪种通信方式?

答: 380V接入的分布式电源或10kV接入的分布式光伏发电、风力发电、海洋能发电项目,可采用无线公网通信方式;光纤到户的可采用光纤通信方式,但应采取信息安全防护措施。

73. 分布式电源接入系统后应具备哪些上传信息?

答: 380V接入的分布式电源或10kV接入的分布式光伏发电、风力发电、海洋能发电项目,暂只需上传电流、电压和发电量信息,条件具备时,预留上传并网点断路器(开关)状态能力;10kV及以上电压等级接入的分布式电源(除10kV接入的分布式光伏发电、风力发电、海洋能发电项目),上传并网设备状态、并网点电压、电流、有功功率、无功功率和发电量等实时运行信息。

74. 逆变器类型分布式电源接入10kV配电网有哪些技术要求?

答: (1)并网点应安装易操作、可闭锁、具有明显开断点、带接地功能、可开断故障电流的开断设备。

(2)逆变器应符合国家、行业相关技术标准,具备高电压闭锁、低电压闭锁、检有压自动并网功能。电压保护动作时间要求见表2-1。

表2-1　电压保护动作时间要求

并网点电压 U	要　求
$U<50\%U_N$	最大分闸时间不超过0.2s
$50\%U_N \leqslant U<85\%U_N$	最大分闸时间不超过2.0s

续表

并网点电压 U	要 求
$85\%U_N \leqslant U < 110\%U_N$	连续运行
$110\%U_N \leqslant U < 135\%U_N$	最大分闸时间不超过 2.0s
$135\%U_N \leqslant U$	最大分闸时间不超过 0.2s

注 1. U_N 为分布式电源并网点的电网额定电压；

2. 最大分闸时间是指异常状态发生到电源停止向电网送电时间。

（3）分布式电源采用专线方式接入时，专线线路可不设或停用重合闸。

（4）公共电网线路投入自动重合闸时，宜增加重合闸检无压功能；条件不具备时，应校核重合闸时间是否与分布式电源并、离网控制时间配合［重合闸时间宜整定为（$2+\delta t$）s，δt 为保护配合级差时间］。

（5）分布式电源功率因数应在 0.95（超前）至 0.95（滞后）范围内可调。

75. 逆变器类型分布式电源接入 220/380V 配电网有哪些技术要求？

答：（1）并网点应安装具备开断故障电流能力的低压并网专用断路器，此开关便于操作，且具有明显开断指示。专用断路器还应具备失压跳闸及检有压合闸功能，失压跳闸定值宜整定为 $20\% U_N$、10s，检有压定值宜整定为大于 $85\%U_N$。

（2）逆变器应符合国家、电力行业相关技术标准，具备高电压闭锁、低电压闭锁、检有压自动并网功能（电压保护动作时间要求见表 2-1；检有压 $85\%U_N$ 自动并网）。

（3）分布式电源接入容量超过本台区配电变压器额定容量 25%时，配电变压器低压侧刀熔总开关应改造为低压总开关，并在配电变压器低压母线处装设反孤岛装置；低压总开关应与反孤岛装置间具备操作闭锁功能，母线间有联络时，联络断路器也应与反孤岛装置间具备操作闭锁功能。

（4）分布式电源接入 380V 配电网时，宜采用三相逆变器；分布式电源接入 220V 配电网前，应校核同一台区单相接入总容量，防止三相功率不平衡情况。

（5）分布式电源功率因数应在 0.95（超前）至 0.95（滞后）范围内可调。

76. 旋转电机类型分布式电源接入 10kV 配电网有哪些技术要求？

答：（1）分布式电源接入系统前，应安排人员对系统侧母线、线路、断路器等进行短路电流、热稳定试验，且试验合格。

（2）分布式电源采用专线方式接入时，专线线路可以不装设重合闸或停用重合闸。

（3）分布式电源并网点要安装能够切除故障电流的断路器，此断路器操作简便且带有可闭锁装置，应装设具有明显开断点的隔离开关，隔离开关应带有接地刀闸。

（4）同步电机类型分布式电源，并网点断路器应配置低周保护装置、低电压保护装置，具备故障解列及检验同期合闸功能，低周保护定值宜整定为 48Hz、0.2s，高/低压保护动作时间见表 2-1。

（5）感应电机类型分布式电源，并网点断路器应配置高/低压保护装置，具备电压保护跳闸及检有压合闸功能，高/低压保护动作时间见表 2-1，检有压定值宜整定为 85%U_N。

（6）感应电机类型分布式电源与公共电网连接处（如用户进线断路器）功率因数应在 0.98（超前）至 0.98（滞后）之间。

（7）如果相邻线路故障可能引起同步电机分布式电源并网点断路器误动，并网点断路器应加装电流方向保护。

（8）公共电网线路投入自动重合闸时，宜增加重合闸检无压功能；条件不具备时，应校核重合闸时间是否与分布式电源并、离网控制时间配合。

77. 旋转电机类型分布式电源接入220/380V配电网有哪些技术要求？

答：（1）分布式电源接入系统前，应安排人员对系统侧母线、线路、断路器等进行短路电流、热稳定试验，且试验合格。

（2）并网点应安装易操作，具有明显开断指示、具备开断故障电流能力的断路器。

（3）分布式电源接入容量超过本台区配电变压器额定容量25%时，配电变压器低压侧刀熔总开关应改造为低压总开关，并在配电变压器低压母线处装设反孤岛装置；低压总开关应与反孤岛装置间具备操作闭锁功能，母线间有联络时，联络断路器也应与反孤岛装置间具备操作闭锁功能。

（4）同步电机类型分布式电源，并网点断路器应配置低周、低压保护装置，具备故障解列及检同期合闸功能，低周保护定值宜整定为48Hz、0.2s，高/低压保护动作时间见表2-1。

（5）感应电机类型分布式电源，并网点开关应配置高/低压保护装置，具备电压保护跳闸及检有压合闸功能，高/低压保护动作时间见表2-1，检有压定值宜整定为85%U_N。

（6）感应电机类型分布式电源与公共电网连接处（如用户进线开关）功率因数应在0.98（超前）至0.98（滞后）之间。

78. 分布式电源并网前应如何开展电能质量评估工作？

答：分布式电源并网前应开展电能质量前期评估工作，评估工作需要电源容量、并网方式、变流器型号等相关技术参数。

79. 并网运行的分布式电源，其电能质量应满足哪些要求？

答：分布式电源向当地交流负载提供电能和向电网发送电能的质量，在谐波、电压偏差、电压不平衡度、电压波动和闪变等方面应满足相关的国家标准，同时分布式电源应能正常运行。10（6）～35kV电压等级并网的分布式电源，电能质量数据应能够远程传送到电网企业，保证电网企业对电能质量的监控。380V电压等级并网的分布式电源，电能质量数据应具备一年及以上的存储能力，为电网企业调用数据提供支持。

80. 并网运行的分布式电源，其公共连接点的谐波有哪些要求？

答： 分布式电源所连公共连接点的谐波电流分量（均方根值）不应超过表 2-2 中规定的允许值，其中分布式电源向电网注入的谐波电流允许值按此电源协议容量与其公共连接点上发、供电设备容量之比进行分配。

表 2-2　　注入公共连接点的谐波电流允许值

标准电压（kV）	基准短路容量（MVA）	谐波次数及谐波电流允许值（A）											
		2	3	4	5	6	7	8	9	10	11	12	13
0.38	10	78	62	39	62	26	44	19	21	16	28	13	24
6	100	43	34	21	34	14	21	11	11	8.5	16	7.1	13
10	100	26	20	13	20	8.5	15	6.4	6.8	5.1	9.3	4.3	7.9
35	250	15	12	7.7	12	5.1	8.8	3.8	4.1	3.1	5.6	2.6	4.7
标准电压（kV）	基准短路容量（MVA）	14	15	16	17	18	19	20	21	22	23	24	25
0.38	10	11	12	9.7	18	8.6	16	7.8	8.9	7.1	14	6.5	12
6	100	6.1	6.8	5.3	10	4.7	9	4.3	4.9	3.9	7.4	3.6	6.8
10	100	3.7	4.1	3.2	6	2.8	5.4	2.6	2.9	2.3	4.5	2.1	4.1
35	250	2.2	2.5	1.9	3.6	1.7	3.2	1.5	1.8	1.4	2.7	1.3	2.5

注　标准电压 20kV 的谐波电流允许值参照 10kV 标准执行。

81. 并网运行的分布式电源，其公共连接点的电压偏差有哪些要求？

答： 分布式电源并网后，公共连接点的电压偏差应满足 35kV 电压等级公共连接点电压正、负偏差的绝对值之和不超过标称电压的 10%（如供电电压上下偏差同号，即均为正或负时，按较大的偏差绝对值作为衡量依据)；20kV及以下电压等级三相公共连接点电压偏差不超过标称电压的±7%；220V电压等级单相公共连接点电压偏差不超过标称电压的−10%～+7%。

82. 并网运行的分布式电源，其公共连接点的电压波动有哪些要求?

答: 分布式电源并网后，公共连接点处的电压波动和闪变应满足GB/T 12326—2008《电能质量 电压波动和闪变》的规定。分布式电源单独引起公共连接点处的电压变动限值与电压变动频度、电压等级有关，见表2-3。

表2-3　　电压波动限值

r（次/h）	d（%）
$r\leqslant1$	4
$1<r\leqslant10$	3*
$10<r\leqslant100$	2
$100<r\leqslant1000$	1.25

注　1. r表示电压变动频度，指单位时间内电压变动的次数（电压由大到小或由小到大各算一次变动）。不同方向的若干次变动，若间隔时间小于30ms，则算一次变动；d表示电压变动，为电压均方根值曲线上相邻两个极值电压之差，以系统标称电压的百分数表示；

2. 很少的变动频度r（每日少于1次），电压变动限值d还可以放宽，但不在此规定。

3. 对于随机性不规则的电压波动，以电压波动的最大值作为判据，表中标有“*”的值为其限值。

83. 并网运行的分布式电源，其公共连接点的三相电压不平衡度有哪些要求?

答: 分布式电源并网后，其公共连接点的三相电压不平衡度不应超过2%，短时不超过4%；其中由各分布式电源引起的公共连接点三相电压不平衡度不应超过1.3%，短时不超过2.6%。

84. 变流器类型分布式电源向电网馈送的直流电流分量是多少？

答：变流器类型分布式电源并网额定运行时，向电网馈送的直流电流分量不应超过其交流定值的0.5%。

85. 分布式电源设备产生的电磁干扰有何要求？

答：分布式电源设备产生的电磁干扰不应超过相关设备标准的要求。同时，分布式电源应具有适当的抗电磁干扰的能力，保证信号传输不受电磁干扰、执行部件不发生误动作。

86. 如何对10(6)～35kV电压等级并网的分布式电源进行有功功率控制？

答：通过10(6)～35kV电压等级并网的分布式电源应具有有功功率调节能力，并能根据电网频率值、电网调度机构指令等信号调节电源的有功功率输出，确保分布式电源最大输出功率及功率变化率不超过电网调度机构的给定值，以确保电网故障或特殊运行方式时的电力系统稳定。

87. 并网的分布式电源电压调节有何规定？

答：分布式电源参与电网电压调节的方式包括调节电源的无功功率、调节无功补偿设备投入量以及调整电源变压器的变比。

(1) 通过380V电压等级并网的分布式电源功率因数应在0.98（超前）至0.98（滞后）范围。

(2) 通过10(6)～35kV电压等级并网的分布式电源电压调节按以下规定：

1) 同步电机类型分布式电源接入电网应保证机端功率因数在0.95（超前）至0.95（滞后）范围内连续可调，并参与并网点的电压调节。

2) 异步电机类型分布式电源应具备保证在并网点处功率因数在0.98（超前）至0.98（滞后）范围自动调节的能力，有特殊要求时，可做适当调整以稳定电压水平。

3）变流器类型分布式电源功率因数应能在0.98（超前）至0.98（滞后）范围内连续可调，有特殊要求时，可做适当调整以稳定电压水平。在其无功输出范围内，应具备根据并网点电压水平调节无功输出，参与电网电压调节的能力，其调节方式和参考电压、电压调差率等参数应可由电网调度机构设定。

88. 分布式电源并网启动有何要求？

答： 分布式电源启动时需要考虑当前电网频率、电压偏差状态和本地测量的信号，当电网频率、电压偏差超出本规定的正常运行范围时，电源不应启动。

89. 同步电机类型分布式电源并网启动有何要求？

答： 同步电机类型分布式电源应配置自动同期装置，启动时分布式电源与电网的电压、频率和相位偏差应在一定范围，分布式电源启动时不应引起电网电能质量超出规定范围。

90. 分布式电源的启停有何要求？

答： 通过380V电压等级并网的分布式电源的启停可与电网企业协商确定；通过10(6)～35kV电压等级并网的分布式电源启停时应执行电网调度机构的指令。

91. 分布式电源启动时的输出功率变化率有何要求？

答： 分布式电源启动时应确保其输出功率的变化率不超过电网所设定的最大功率变化率。除发生故障或接收到来自于电网调度机构的指令以外，分布式电源同时切除引起的功率变化率不应超过电网调度机构规定的限值。

92. 分布式电源并网点电压响应的时间有何要求？

答： 当电网电压过高或者过低时，要求与之相连的分布式电源做出响应。该响应必须确保供电机构维修人员和一般公众的人身安全，同时避免损坏所连接的设备。当并网点处电压超出表2-1

规定的电压范围时，应在相应的时间内停止向电网线路送电。此要求同样适用于多相系统中的任何一相。

93. 变流器类型分布式电源过流响应特性有何要求？

答： 变流器类型分布式电源应具备一定的过电流能力，在120％额定电流以下，变流器类型分布式电源可靠工作时间不应小于1min；在120％～150％额定电流内，变流器类型分布式电源连续可靠工作时间应不小于10s。

94. 分布式电源并网点频率响应的时间要求是什么？

答： 通过380V电压等级并网的分布式电源，当并网点频率超过49.5～50.2Hz运行范围时，应在0.2s内停止向电网送电；通过10(6)～35kV电压等级并网的分布式电源应具备一定的耐受系统频率异常的能力，应能够在表2-4所示电网频率偏离下运行。

表2-4　分布式电源并网点的频率响应时间要求

频率范围	要　求
低于48Hz	变流器类型分布式电源根据变流器允许运行的最低频率或电网调度机构要求而定；同步电机类型、异步电机类型分布式电源每次运行时间一般不少于60s，有特殊要求时，可在满足电网安全稳定运行的前提下做适当调整
48～49.5Hz	每次低于49.5Hz时要求至少能运行10min
49.5～50.2Hz	连续运行
50.2～50.5Hz	频率高于50.2Hz时，分布式电源应具备降低有功输出的能力，实际运行可由电网调度机构决定；此时不允许处于停运状态的分布式电源并入电网
高于50.5Hz	立刻终止向电网线路送电，且不允许处于停运状态的分布式电源并网

95. 分布式电源提供的短路电流有何要求？

答： 分布式电源提供的短路电流不能超过一定的限定范围，分布式电源提供的短路电流总和不允许超过公共连接点允许的短路电流限值。

96. 分布式电源装设的继电保护有何要求?

答: 分布式电源的变压器、同步电机和异步电机类型分布式电源的发电机应配置可靠的保护装置。分布式电源应能够检测到电网侧的相间短路故障、单相接地故障和缺相故障,短路故障和缺相故障情况下保护装置应能迅速将其从电网断开。分布式电源应安装低压和过压继电保护装置,继电保护的整定值应满足表2-1的要求。分布式电源频率保护动作整定值应满足表2-4的要求。通过10(6)~35kV电压等级并网的分布式电源,宜采用专线方式接入电网并配置光纤电流差动保护。在满足可靠性、选择性、灵敏性和速动性要求时,线路也可采用"T"接方式,保护可采用电流电压保护。

97. 分布式电源防孤岛保护有何要求?

答: 同步电机、异步电机类型分布式电源,无须专门设置孤岛保护,但分布式电源切除时间应与线路保护相配合,以避免非同期合闸。变流器类型的分布式电源必须具备快速监测孤岛且监测到孤岛后能立即断开与电网连接的功能,其防孤岛保护应与电网侧线路保护相配合。

98. 分布式电源的故障信息有何要求?

答: 接入10(6)~35kV电压等级的分布式电源变电站需要安装故障录波仪,故障录波仪能记录故障前10s到故障后60s的情况。故障录波仪应该包括必要的信息输入量。

99. 分布式电源脱网后的恢复并网有何要求?

答: 系统发生扰动脱网后,在电网电压和频率恢复到正常运行范围之前分布式电源不允许并网。在电网电压和频率恢复正常后,通过380V电压等级并网的分布式电源需要经过一定延时时间后才能重新并网,延时时间应大于20s,并网延时由电网调度机构给定；通过10(6)～35kV电压等级并网的分布式电源恢复并网必须经过电网调度机构的允许。

100. 分布式电源的通信与信息有何要求?

答: 通过10(6)～35kV电压等级并网的分布式电源与电网调度机构之间通信方式和信息传输应符合相关标准的要求，包括遥测、遥信、遥控、遥调信号，提供信号的方式和实时性要求等。一般可采取基于DL/T 634.5101和DL/T 634.5104通信协议。通过10(6)～35kV电压等级并网的分布式电源必须具备与电网调度机构之间进行数据通信的功能，能够采集电源的电气运行工况，上传至电网调度机构，同时具有接受电网调度机构控制调节指令的能力。并网双方的通信系统应以满足电网安全经济运行对电力系统通信业务的要求为前提，满足继电保护、安全自动装置、自动化系统及调度电话等业务对电力通信的要求。

101. 分布式电源向电网调度机构提供的信息有哪些?

答: 在正常运行情况下，分布式电源向电网调度机构提供的信息至少应当包括：

(1) 电源并网状态、有功和无功输出、发电量；

(2) 电源并网点母线电压、频率和注入电力系统的有功功率、无功功率；

(3) 变压器分接头档位、断路器和隔离开关状态。

102. 分布式电源的电能计量有何要求?

答: 分布式电源接入电网前，应明确上网电量和用网电量计量点，计量点的设置位置应与电网企业协商。每个计量点均应装设电能计量装置，其设备配置和技术要求符合DL/T 448《电能计量装置技术管理规程》以及相关标准、规程要求。电能表采用智能电能表，技术性能应满足国家关于智能电能表的相关标准。分布式电源并网前，具有相应资质的单位或部门完成电能计量装置的安装、校验以及结合电能信息采集终端与主站系统进行通信、协议和系统调试，电源产权方应提供工作上的方便。电能计量装置投运前，应由电网企业和电源产权归属方共同完成竣工验收。通过10(6)～35kV电压等级并网的分布式电源的同一计量点应安装同型号、同规格、准确度相同的主、副电能表各一套。主、副表应有明确标志。

103. 电能计量装置分几类?

答: 运行中的电能计量装置按其所计量电能量的多少和计量对象的重要程度分五类即Ⅰ类、Ⅱ类、Ⅲ类、Ⅳ类、Ⅴ类。

104. Ⅰ类电能计量装置如何界定?

答: Ⅰ类电能计量装置为月平均用电量500万kWh及以上或变压器容量为10 000kVA及以上的高压计费用户、200MW及以上发电机、发电企业上网电量、电网经营企业之间的电量交换点、省级电网经营企业与其供电企业的供电关口计量点的电能计量装置。

105. Ⅱ类电能计量装置如何界定?

答: Ⅱ类电能计量装置为月平均用电量100万kWh及以上或变压器容量为2000kVA及以上的高压计费用户、100MW及以上发电机、供电企业之间的电量交换点的电能计量装置。

106. Ⅲ类电能计量装置如何界定?

答: Ⅲ类电能计量装置为月平均用电量10万kWh及以上或变压器容量为315kVA及以上的计费用户、100MW以下发电机、发电企业厂（站）用电量、供电企业内部用于承包考核的计量点、考核有功电量平衡的110kV及以上的送电线路电能计量装置。

107. Ⅳ类电能计量装置如何界定?

答: Ⅳ类电能计量装置为负荷容量为315kVA以下的计费用户、发供电企业内部经济技术指标分析、考核用的电能计量装置。

108. Ⅴ类电能计量装置如何界定？

答： Ⅴ类电能计量装置为单相供电的电力用户计费用电能计量装置。

109. Ⅰ类电能计量装置的准确度等级如何确定？

答：（1）有功电能表准确度等级不应低于0.2S级或0.5S级。

（2）无功电能表准确度等级不应低于2.0级。

（3）电压互感器准确度等级不应低于0.2级。

（4）电流互感器准确度等级不应低于0.2S级或0.2级，0.2级电流互感器仅在发电机出口电能计量装置中配用。

110. Ⅱ类电能计量装置的准确度等级如何确定？

答：（1）有功电能表准确度等级不应低于0.5S级或0.5级。

（2）无功电能表准确度等级不应低于2.0级。

（3）电压互感器准确度等级不应低于0.2级。

（4）电流互感器准确度等级不应低于0.2S级或0.2级，0.2级电流互感器仅在发电机出口电能计量装置中配用。

111. Ⅲ类电能计量装置的准确度等级如何确定？

答：（1）有功电能表准确度等级不应低于1.0级。

（2）无功电能表准确度等级不应低于2.0级。

（3）电压互感器准确度等级不应低于0.5级。

（4）电流互感器准确度等级不应低于0.5S级。

112. Ⅳ类电能计量装置的准确度等级如何确定？

答：（1）有功电能表准确度等级不应低于2.0级。

（2）无功电能表准确度等级不应低于3.0级。

（3）电压互感器准确度等级不应低于0.5级。

（4）电流互感器准确度等级不应低于0.5S级。

113. Ⅴ类电能计量装置的准确度等级如何确定？

答：（1）有功电能表准确度等级不应低于2.0级。

（2）电流互感器准确度等级不应低于0.5S级。

114. 电能计量装置根据计量对象的电压等级可分为哪几种计量方式？

答：电能计量装置根据计量对象的电压等级，一般分为高供高计、高供低计和低供低计三种计量方式。

115. 电能计量装置的设计审查有何要求？

答：（1）设计审查的内容包括计量点、计量方式（电能表与互感器的接线方式、电能表的类别、装设套数）的确定，计量器具型号、规格、准确度等级、制造厂家、互感器二次回路及附件等的选择，电能计量柜（箱）的选用，安装条件的审查等。

（2）发电企业上网电量计量点、电网经营企业之间贸易结算电量计量点、省级电网经营企业与其供电企业供电关口计量点的电能计量装置的设计审查应由电网经营企业的电能计量专职（责）管理人员、电网经营企业电能计量技术机构和有关发、供电企业电能计量管理或专业人员参加。

（3）电能计量装置的设计审查，应由参加审查的人员写出审查意见并由各方代表签字。凡审查中发现不符合规定的部分应在审查结论中明确列出，并应由原设计部门进行修改设计。

（4）用电营业部门在与用户签订供用电合同、批复供电方案时，对电能计量点和计量方式的确定以及电能计量器具技术参数等的选择应由电能计量技术机构专职（责）工程师会签。

116. 电能计量装置的配置原则是什么？

答：电能计量装置配置原则如下：

（1）贸易结算用的电能计量装置原则上应设置在供用电设施产权分界处；发电企业上网线路、电网经营企业间的联络线路和专线供电线路的另一端应设置考核用电能计量装置。

（2）Ⅰ、Ⅱ、Ⅲ类贸易结算用电能计量装置应按计量点配置计量专用电压、电流互感器或者专用二次绕组。电能计量专用电压、电流互感器或专用二次绕组及其二次回路不得接入与电能计量无关的设备。

（3）计量单机容量在100MW及以上发电机组上网贸易结算电量的电能计量装置和电网经营企业之间购销电量的电能计量装置，宜配置准确度等级相同的主副两套有功电能表。

（4）35kV以上贸易结算用电能计量装置中的电压互感器二次回路，应不装设隔离开关辅助触点，但可装设熔断器；35kV及以下贸易结算用电能计量装置中的电压互感器二次回路，应不装设隔离开关辅助触点和熔断器。

（5）安装在用户处的贸易结算用电能计量装置，10kV及以下电压供电的用户应配置全国统一标准的电能计量柜或电能计量箱，35kV电压供电的用户宜配置全国统一标准的电能计量柜或电能计量箱。

（6）贸易结算用高压电能计量装置应装设电压失压计时器。未配置计量柜（箱）的，其互感器二次回路的所有接线端子、试验端子应能实施铅封。

（7）互感器二次回路的连接导线应采用铜质单芯绝缘线。对电流二次回路，连接导线截面积应按电流互感器的额定二次负荷计算确定，至少应不小于4mm^2。对电压二次回路，连接导线截面积应按允许的电压降计算确定，至少应不小于2.5mm^2。

（8）互感器实际二次负荷应在25%～100%额定二次负荷范围内；电流互感器额定二次负荷的功率因数应为0.8～1.0；电压互感器额定二次功率因数应与实际二次负荷的功率因数接近。

（9）电流互感器额定一次电流的确定，应保证其在正常运行中的实际负荷电流达到额定值的60%左右，至少应不小于30%。否则应选用高动热稳定电流互感器以减小变比。

（10）为提高低负荷计量的准确性，应选用过载4倍及以上的电能表。

（11）经电流互感器接入的电能表，其标定电流宜不超过电流互感器额定二次电流的30%，其额定最大电流应为电流互感器额定二次电流的120%左右。直接接入式电能表的标定电流应按正常运行负荷电流的30%左右进行选择。

（12）执行功率因数调整电费的用户，应安装能计量有功电量、感性和容性无功电量的电能计量装置；按最大需量计收基本电费的用户应装设具有最大需量计量功能的电能表；实行分时电价的用户应装设复费率电能表或多功能电能表。

（13）带有数据通信接口的电能表，其通信规约应符合DL/T 645的要求。

（14）具有正、反向送电的计量点应装设计量正向和反向有功电量以及四象限无功电量的电能表。

117. 电能计量装置的接线方式有哪些？

答：电能计量装置的接线方式如下：

（1）接入中性点绝缘系统的电能计量装置，应采用三相三线有功、无功电能表。接入非中性点绝缘系统的电能计量装置，应采用三相四线有功、无功电能表或3只感应式无止逆单相电能表。

（2）接入中性点绝缘系统的3台电压互感器，35kV及以上的宜采用Y/y方式接线；35kV以下的宜采用V/V方式接线。接入非中性点绝缘系统的3台电压互感器，宜采用Y0/y0方式接线。其一次侧接地方式和系统接地方式相一致。

（3）低压供电，负荷电流为50A及以下时，宜采用直接接入式电能表；负荷电流为50A以上时，宜采用经电流互感器接入式的接线方式。

（4）对三相三线制接线的电能计量装置，其2台电流互感器二次绕组与电能表之间宜采用四线连接。对三相四线制连接的电能计量装置，其3台电流互感器二次绕组与电能表之间宜采用六线连接。

118. 安装电能计量装置的安全措施有哪些？

答：安装电能计量装置的安全措施有：进入工作现场穿工作

服、绝缘胶鞋，戴安全帽；使用绝缘工具，必要时使用护目镜，采取绝缘挡板等隔离措施；召开开工会，交代现场带电部位、应注意的安全事项。

工作中严格执行专业技术规程和作业指导书。工作中采取有效措施严防TA二次回路开路，TV二次回路短路或接地；经低压TA接入式电能表、终端，应严防三相电压线路短路或接地。严格按操作规程进行送电操作，送电后观察表计是否运转正常；不停电换表时计算需要追补的电量。

停电作业工作前必须执行停电、验电措施；低压带电作业，工作人员穿绝缘鞋，戴手套，使用绝缘柄完好的工具，螺丝刀、扳手等多余金属裸露部分应用绝缘带包好，以防短路。接触金属表箱前，需用验电器确认表箱外壳不带电。高处作业使用梯子、安全带，设专人监护。提醒客户在有关表格处签字，并告之对电能表的维护职责。认真召开收工会，清理工作现场有无遗漏工器具，清理垃圾。工作中严格执行专业技术规程和作业指导书要求，送电后认真观察表计是否运转正常。

119. 电能计量装置哪些部位应加封？

答：电能计量装置应加封的部位如下：

（1）电能表两侧表耳和编程开关盖板。

（2）电能表尾盖板。

（3）试验接线盒盖板。

（4）电能表箱（柜）门锁。

（5）互感器二次接线端子。

（6）互感器柜门锁。

（7）电压互感器一次侧隔离开关操作手柄。

（8）独立就地端子箱或端子盒。

120. 安装电能计量装置后应如何进行验收？

答：安装电能计量装置后应按如下方法验收：

（1）核对客户的电能计量方式是否正确；

（2）根据电能计量装置的接线图纸，核对装置的一次和二次回路接线；

（3）核查电能计量装置中的各设备技术参数是否符合设计原则；

（4）检查二次回路中间触电、熔断器、试验接线盒的接触情况；

（5）检查电能计量装置的接地系统；

（6）测量一次、二次回路的绝缘电阻，应不低于10MΩ；

（7）高压电气设备的绝缘试验报告应符合规定要求；

（8）检查电能计量装置是否符合安装要求；

（9）电能表、互感器应具有经法定计量检定机构检定并在有效期内的检定证书。

121. 计费电能表装设后，客户的安全责任是什么？

答：计费电能表装设后，客户应妥善保护，不应在表前堆放影响抄表或计量准确及安全的物品。如发生计费电能表丢失、损坏或过负荷烧坏等情况，客户应及时告知供电公司以便供电公司采取措施。如因供电公司责任或不可抗力致使计费电能表出现或发生故障时，供电公司应负责换表，不收费用：其他原因引起的，客户应负担赔偿费或修理费。

122. 电能计量装置的周期轮换有何规定？

答：（1）电能计量技术机构应根据电能表运行档案、轮换周期、抽样方案和地理区域、工作量情况等，制定出每年（月）电能表的轮换和抽检计划。

（2）运行中的Ⅰ、Ⅱ、Ⅲ类电能表的轮换周期一般为3～4年。运行中的Ⅳ类电能表的轮换周期为4～6年。但对同一厂家、型号的静止式电能表可按上述轮换周期，到周期抽检10%，做修调前检验，若满足第（4）条要求，则其他运行表计允许延长一年使用，待第二年再抽检，直到不满足第（4）条要求时全部轮换。Ⅴ类双宝石电能表的轮换周期为10年。

（3）对所有轮换拆回的Ⅰ～Ⅳ类电能表应抽取其总量的5%～10%（不少于50只）进行修调前检验，且每年统计合格率。

（4）Ⅰ、Ⅱ类电能表的修调前检验合格率为100%，Ⅲ类电能表的修调前检验合格率应不低于98%。Ⅳ类电能表的修调前检验合格率应不低于95%。

（5）运行中的Ⅴ类电能表，从装出第六年起，每年应进行分批抽样，做修调前检验，以确定整批表是否继续运行。

123. 电能计量装置是如何进行故障分类的？

答：电能计量装置的故障分为重大设备故障、一般设备故障、障碍三类。

124. 何谓电能计量装置的重大设备故障？

答：由于电能计量设备质量原因造成下列情况之一，为重大设备故障：

（1）设备损坏直接经济损失每次10万元及以上；

（2）电量损失每次30万kWh及以上；

（3）差错电量每次1500万kWh及以上。

125. 何谓电能计量装置的一般设备故障？

答：未构成重大设备故障且符合第126～128问所述情况之一，为一般设备故障。一般设备故障分为一类故障、二类故障和三类故障。

126. 何谓电能计量装置的一类故障？

答：符合下列情况之一，为电能计量装置的一类故障：

（1）设备损坏直接经济损失每次10万元以下、3万元及以上；

（2）电量损失每次30万kWh以下、10万kWh及以上；

（3）差错电量每次1500万kWh以下、500万kWh及以上。

127. 何谓电能计量装置的二类故障?

答: 符合下列情况之一,为电能计量装置的二类故障:

(1) 设备损坏直接经济损失每次 3 万元以下、0.5 万元及以上;

(2) 电量损失每次 10 万千瓦时以下、1 万 kWh 及以上;

(3) 差错电量每次 500 万千瓦时以下、100 万 kWh 及以上。

128. 何谓电能计量装置的三类故障?

答: 符合下列情况之一,为电能计量装置的三类故障:

(1) 设备损坏直接经济损失每次 0.5 万元以下、0.2 万元及以上;

(2) 电量损失每次 1 万千瓦时以下、0.5 万 kWh 及以上;

(3) 差错电量每次 100 万千瓦时以下、10 万 kWh 及以上。

129. 何谓电能计量装置障碍?

答: 由于设备质量原因造成设备损坏直接经济损失每次 0.2 万元以下、电量损失每次 0.5 万 kWh 以下、差错电量每次 10 万 kWh 以下者为电能计量装置障碍。

130. 分布式电源的并网检测有何要求?

答: 分布式电源接入电网的检测点为电源并网点,必须由具有相应资质的单位或部门进行检测,并在检测前将检测方案报所接入电网调度机构备案。分布式电源应当在并网运行后 6 个月内向电网调度机构提供由有资质单位出具的有关电源运行特性的检测报告,以表明该电源满足接入电网的相关规定。当分布式电源更换主要设备时,需要重新提交检测报告。

131. 分布式电源的并网检测内容有哪些?

答: 分布式电源的并网检测应按照国家或有关行业对分布式电源并网运行制定的相关标准或规定进行,必须包括但不仅限于以下内容:

（1）有功输出特性，有功和无功控制特性；

（2）电能质量，包括谐波、电压偏差、电压不平衡度、电压波动和闪变、电磁兼容等；

（3）电压电流与频率响应特性；

（4）安全与保护功能；

（5）电源起停对电网的影响；

（6）调度运行机构要求的其他并网检测项目。

132. 分布式电源基本的安全要求有哪些？

答：为保证电网、设备和人身安全，分布式电源必须装设相应的继电保护装置，具备发生故障自动跳闸功能，以保证电网和发电设备的安全运行，确保运维检修人员和公众的人身安全，其保护装置的配置和选型必须满足所辖电网的技术规范和反事故措施要求。分布式电源的接地方式应和电网侧的接地方式保持一致，应满足人身设备安全和保护配合的要求。分布式电源必须在并网点设置便于操作，具备闭锁功能，且有明显断开点的并网断开装置，以确保电力设施和运维检修人员的安全。

133. 分布式电源安全标识有何要求？

答：对于通过 380V 电压等级并网的分布式电源，连接电源和电网的专用低压开关柜应有醒目标识。标识应标明“警告”“双电源”等提示性文字和符号。标识的形状、颜色、尺寸和高度应符合第六章《安全设施》要求。10(6)～35kV 电压等级并网的分布式电源根据标识的形状、颜色、尺寸和高度应符合第六章《安全设施》要求。在电气设备和线路附近标识“当心触电”等提示性文字和符号。

第三章

光伏电站接入电网技术

134. 何谓光伏电站？

答：指利用太阳电池的光生伏特效应，将太阳辐射能直接转换成电能的发电系统，一般包含变压器、逆变器、相关的平衡系统部件（BOS）和太阳电池方阵等。

135. 何谓并网光伏电站？

答：直接或间接接入公用电网运行的光伏电站。

136. 何谓公共连接点？

答：电力系统中一个以上用户的连接处。

137. 何谓光伏电站并网点？

答：有升压站的光伏电站的光伏电站并网点指升压站高压侧母线或节点；无升压站的光伏电站的光伏电站并网点指光伏电站的输出汇总点。

138. 何谓光伏电站送出线路？

答：从光伏电站并网点至公共连接点的输电线路。

139. 何谓光伏电站有功功率？

答：光伏电站输入到光伏电站并网点的有功功率。

140. 何谓光伏电站无功功率？

答：光伏电站输入到光伏电站并网点的无功功率。

141. 何谓有功功率变化？

答：一定时间间隔内，光伏电站有功功率最大值与最小值之差。

142. 何谓低电压穿越？

答：当电力系统事故或扰动引起光伏电站并网点的电压跌落时，在一定的电压跌落范围和时间间隔内，光伏电站能够保证不脱网连续运行。

143. 何谓孤岛现象？

答：电网失压时，光伏电站仍保持对失压电网中的某一部分线路继续供电的状态。孤岛现象可分为非计划性孤岛现象和计划性孤岛现象。

144. 何谓非计划性孤岛现象？

答：非计划、不受控地发生孤岛现象。

145. 何谓计划性孤岛现象？

答：按预先配置的控制策略，有计划地发生孤岛现象。

146. 何谓防孤岛？

答：禁止非计划性孤岛现象的发生。

147. 光伏电站可分为几类？

答：根据光伏电站接入电网的电压等级，可分为小型、中型和大型光伏电站三类。

148. 小型光伏电站接入电网的电压等级是多少？

答：380V电压等级接入电网的光伏电站称为小型光伏电站。

149. 中型光伏电站接入电网的电压等级是多少?

答: 10～35kV 电压等级接入电网的光伏电站称为中型光伏电站。

150. 大型光伏电站接入电网的电压等级是多少?

答: 66kV 及以上电压等级接入电网的光伏电站称为大型光伏电站。

151. 光伏电站接入公用电网的连接方式有几种?

答: 有三种:(1) 专线接入公用电网。

(2) T 接入公用电网。

(3) 通过用户内部电网接入公用电网。

152. 接入公用电网的小型光伏电站总容量有何要求?

答: 对于接入公用电网的小型光伏电站总容量,原则上不宜超过上一级变压器供电区域内的最大负荷的 25%。

153. 接入公用电网的中型光伏电站总容量有何要求?

答: 对于接入公用电网的中型光伏电站总容量,宜控制在所接入的公用电网线路最大输送容量的 30%内。

154. 光伏电站的电能质量有何要求?

答: 光伏电站向当地交流负载提供电能和向电网发送电能的质量,在谐波、电压偏差、电压波动和闪变、电压不平衡度等方面应满足 GB/T 14549、GB/T 24337、GB/T 12325、GB/T 12326、GB/T 15543 和 GB/T 15543 的要求。光伏电站并网点应装设满足 IEC 61000-4-30-2003 标准要求的 A 类电能质量在线监测装置,用户内部电网的电能质量监测点应放置在关口计量点。大中型光伏电站的电能质量数据应能够远程传送到电网企业,保证电网企业对电能质量的监控;小型光伏电站的电能质量数据应至少存储一年,必要时供电网企业调用。

155. 光伏电站的谐波有何要求?

答: 光伏电站所接入的公共连接点的谐波注入电流应满足GB/T 14549 的要求，其中光伏电站向电网注入的谐波电流允许值按照光伏电站装机容量与其公共连接点上具有谐波源的发/供电设备总容量之比进行分配。光伏电站所接入的公共连接点的各次间谐波电压含有率及单个光伏电站引起的各次间谐波电压含有率应满足 GB/T 24337 的要求。

156. 光伏电站的电压偏差有何要求?

答: 光伏电站接入电网后，光伏电站并网点的电压偏差应满足 GB/T 12325 的要求。

157. 光伏电站的电压波动和闪变有何要求?

答: 光伏电站所接入的公共连接点的电压波动和闪变应满足GB/T 12326 的要求，其中光伏电站引起的闪变值按照光伏电站装机容量与公共连接点上的干扰源总容量之比进行分配。

158. 光伏电站的电压不平衡度有何要求?

答: 光伏电站所接入的公共连接点的电压不平衡度及光伏电站引起的电压不平衡度应满足 GB/T 15543 的要求，其中光伏电站引起的电压不平衡度允许值按照 GB/T 15543 的原则进行换算。

159. 光伏电站的直流电流分量有何要求?

答: 光伏电站并网运行时，向电网馈送的直流电流分量不应超过其交流电流额定值的 0.5%。

160. 大中型光伏电站应具备哪些功能?

答: 大中型光伏电站应配置有功功率控制系统，具备有功功率调节能力。

161. 大中型光伏电站并网运行后，接收调度指令的内容有哪些？

答：大中型光伏电站并网运行后，大中型光伏电站有义务按照电力调度指令参与电力系统的调频、调峰和备用事项。大中型光伏电站能够接收并自动执行电力调度部门发送的有功功率及有功功率变化的控制指令，确保光伏电站有功功率及有功功率变化按照电力调度部门的要求运行。

162. 在电力系统发生事故或紧急情况下，大中型光伏电站应如何按照电力调度部门的指令进行操作？

答：在电力系统事故或紧急情况下，大中型光伏电站应根据电力调度部门的指令快速控制其输出的有功功率，必要时可通过安全自动装置快速自动降低光伏电站有功功率或切除光伏电站。在电力系统紧急情况下，若光伏电站的运行危及电力系统安全稳定，电力调度部门应暂时切除光伏电站。当电力系统频率高于 50.2Hz 时，按照电力系统调度部门指令，大中型光伏电站应降低光伏电站有功功率，严重情况下应切除整个光伏电站。电力系统事故或特殊运行方式下要求降低光伏电站有功功率，是为了防止输电设备过载，确保电力系统的安全稳定运行。当事故处理完毕，电力系统恢复正常运行状态后，光伏电站应按照电力调度部门指令依次进行并网运行。

163. 大中型光伏电站无功功率和电压调节有哪些要求？

答：大中型光伏电站应配置无功电压控制系统，具备无功功率及电压控制能力。根据电力调度部门指令，光伏电站自动调节其发出或吸收的无功功率，控制光伏电站并网点电压在正常运行范围内，其调节速度和控制精度应能满足电力系统电压调节的要求。

164. 专线接入公用电网的大中型光伏电站，其无功配置有何要求？

答：对于专线接入公用电网的大中型光伏电站，其配置的容性无功容量能够补偿光伏电站满发时站内汇集系统、主变压器的全部感性无功及光伏电站送出线路的一半感性无功之和；其配置的感性无功容量能够补偿光伏电站送出线路的一半充电无功功率。

165. 通过汇集系统升压至500kV（或750kV）电压等级接入公用电网的大中型光伏电站，其无功配置有何要求？

答：对于通过汇集系统升压至500kV（或750kV）电压等级接入公用电网的大中型光伏电站，其配置的容性无功容量能够补偿光伏电站满发时站内汇集系统、主变压器的感性无功及光伏电站送出线路的全部感性无功之和，其配置的感性无功容量能够补偿光伏电站送出线路的全部充电无功功率。

166. 大中型光伏电站无功功率和电压调节有哪些要求？

答：小型光伏电站可不具备无功功率和电压调节能力，其输出有功功率大于其额定功率的50%时，功率因数应不小于0.98（超前或滞后）；输出有功功率在20%～50%之间时，功率因数应不小于0.95（超前或滞后）。

167. 何谓小型光伏电站并网点电压最大分闸时间？

答：小型光伏电站并网点电压最大分闸时间是指从电网异常状态发生到逆变器停止向电网送电的时间。

168. 何谓光伏电站并网点标称电压（U_N）？

答：标称电压（U_N）通常是指开路输出电压，也就是不接任何负载、没有电流输出的电压值。

169. 小型光伏电站在电网电压出现异常时的响应要求是什么？

答：（1）小型光伏电站在电网电压U满足$U<50\%U_N$时，光伏电站停止向电网线路送电的最大分闸时间为0.1s。

（2）小型光伏电站在电网电压U满足$50\%U_N \leqslant U<85\%U_N$时，光伏电站停止向电网线路送电的最大分闸时间为2.0s。

（3）小型光伏电站在电网电压 U 满足 $85\%U_N \leqslant U \leqslant 110\%U_N$ 时，光伏电站可以连续运行。

（4）小型光伏电站在电网电压 U 满足 $110\%U_N < U < 135\%U_N$ 时，光伏电站停止向电网线路送电的最大分闸时间为 2.0s。

（5）小型光伏电站在电网电压 U 满足 $U_N \geqslant 135\%U_N$，光伏电站停止向电网线路送电的最大分闸时间为 0.05s。

170. 小型光伏电站并网点频率出现异常时的响应要求是什么？

答： 对于小型光伏电站，当光伏电站并网点频率在 49.5～50.2Hz 范围之外时，光伏电站必须在 0.2s 内停止向电网线路送电。

171. 大中型光伏电站并网点频率出现异常时的响应要求是什么？

答：（1）大中型光伏电站并网点频率在 49.5～50.2Hz 之间时，光伏电站可以连续运行。

（2）大中型光伏电站并网点频率在 48～49.5Hz 之间时，如果光伏电站并网点频率每次低于 49.5Hz 时要求光伏电站至少能运行 10min。

（3）大中型光伏电站并网点频率低于 48Hz 时，可以根据光伏电站逆变器允许运行的最低频率或电网要求来确定。

（4）大中型光伏电站并网点频率在 50.2～50.5Hz 之间时，如果光伏电站并网点频率每次高于 50.2Hz，光伏电站应具备能够连续运行 2min 的能力，同时具备 0.2s 内停止向电网线路送电的能力，实际运行时间由电力调度部门决定；此时不允许处于停运状态的光伏电站并网。

（5）大中型光伏电站并网点频率高于 50.5Hz 时，在 0.2s 内停止向电网线路送电，且不允许处于停运状态的光伏电站再次并网。

（6）大中型光伏电站应具备一定的耐受系统频率异常的能力。

172. 光伏电站继电保护及安全自动装置有何要求?

答:（1）光伏电站应配置相应的安全保护装置，光伏电站的保护装置应满足可靠性、选择性、灵敏性和速动性的要求，并与接入电网的保护相匹配。应在光伏电站并网点内侧装设便于操作、可靠闭锁且具有明显断开点的并网总断路器。

（2）光伏电站的继电保护、安全自动装置以及二次回路的设计、安装应满足电力系统有关规定和反事故技术措施的要求。一般情况下，专线接入公用电网的光伏电站宜配置光纤电流差动保护。

（3）大型光伏电站应装设专用故障录波装置。故障录波装置应能记录故障前 10s 到故障后 60s 的情况，并能够与电力调度部门进行数据传输。

（4）接入 220kV 及以上电压等级的大型光伏电站应装设同步相量测量单元（PMU），为光伏电站的安全监控与电力调度部门提供统一时标下的光伏电站暂态过程中的电压、相角、功率等关键参数的变化曲线。

173. 光伏电站过流保护有何要求?

答: 光伏电站应具备一定的过电流能力，在 120%倍额定电流以下，光伏电站连续可靠工作时间应不小于 1min。

174. 光伏电站防孤岛有何要求?

答:（1）小型光伏电站必须具备快速监测孤岛且立即断开与电网连接的能力。

（2）对于大中型光伏电站，当公用电网发生故障时，公用电网继电保护装置必须具备可靠切除光伏电站的功能。大中型光伏电站光伏电站可不设置防孤岛保护。

175. 光伏电站逆功率保护有何要求?

答: 当光伏电站设计为不可逆并网方式时，应配置逆向功率保护设备。当检测到逆向电流超过额定输出的 5%时，光伏电站应在0.5～2s内停止向电网线路送电。

176. 光伏电站恢复并网有何要求？

答： 当电网发生扰动后，在电网电压和频率恢复正常范围之前光伏电站不允许并网。当电网电压和频率恢复正常后，小型光伏电站应经过一个可调的延时时间后才能重新并网，延时时间一般为20s到5min，具体延时时间按照光伏电站容量大小和接入方式、并结合分批并网原则由电力调度部门确定。大中型光伏电站应按电力调度部门指令执行，不可自行并网。

177. 光伏电站电磁兼容有何要求？

答： 光伏电站应具有适当的抗电磁干扰的能力，应保证信号传输不受电磁干扰，执行部件不发生误动作。同时，设备本身产生的电磁干扰不应超过相关设备标准。

178. 光伏电站电能计量装置有何要求？

答：（1）光伏电站接入电网前，应明确上网电量计量点和用网电量计量点。每个计量点均应装设电能计量装置，其设备配置和技术要求符合DL/T 448的要求。

（2）当电能表采用静止式多功能电能表时，其技术性能应符合GB/T 17883和DL/T 614的要求。电能表至少应具备双向有功和四象限无功计量功能、事件记录功能，配有标准通信接口，具备本地通信和通过电能信息采集终端远程通信的功能。电能表通信协议符合DL/T 645的要求，采集信息应接入电力系统电能信息采集系统。

（3）大中型光伏电站的同一计量点应安装同型号、同规格、准确度相同的主、副电能表各一套，且主、副表应有明确标志。

179. 光伏电站防雷和接地有何要求？

答： 光伏电站和并网点设备的防雷和接地，应符合SJ/T 11127的要求。

180. 光伏电站抗干扰有何要求？

答： 当光伏电站并网点的电压波动和闪变值满足 GB/T 12326、谐波值满足 GB/T 14549、三相电压不平衡度满足 GB/T 15543、间谐波含有率满足 GB/T 24337 的要求时，光伏电站应能正常运行。

181. 光伏电站安全标识有何要求？

答： 对于小型光伏电站，连接光伏电站和电网的专用低压开关柜应有醒目标识。标识应标明“警告”“双电源”等提示性文字和符号。标识的形状、颜色、尺寸和高度应符合第六章《安全设施》的要求。

182. 大中型光伏电站通信与信号有何要求？

答： 大中型光伏电站与电力调度部门之间的通信方式、传输通道和信息传输由电力调度部门作出规定，包括提供遥测信号、遥信信号、遥控信号、遥调信号以及其他安全自动装置的信号，提供信号的方式和实时性要求等。在正常运行情况下，光伏电站向电力调度部门或其他运行管理部门提供的信号至少应包括：

（1）光伏电站并网状态、辐照度、环境温度；

（2）光伏电站有功和无功输出、功率因数；

（3）光伏电站发电量；

（4）光伏电站并网点的电压和频率；

（5）光伏电站注入电网的电流；

（6）光伏电站中主变压器分接头档位；

（7）光伏电站中断路器运行状态等。

183. 光伏电站接入电网的系统测试要求有哪些？

答： 光伏电站接入电网的测试点为光伏电站并网点，应由具备相应资质的单位或部门进行测试，并在测试前将测试方案报所接入电网企业备案。光伏电站应在并网运行后 6 个月内向电网企业提供有关光伏电站运行特征的测试报告，以表明光伏电站满足接入电网的相关规定。当光伏电站更换逆变器或变压器等主要设备时，应重新提交测试报告。

184. 光伏电站接入电网的系统测试内容有哪些？

答： 光伏电站接入电网的系统测试内容有：

（1）电能质量测试；

（2）有功输出特性（有功输出与辐照度的关系特性）测试；

（3）有功和无功控制特性测试；

（4）电压与频率异常时的响应特性测试；

（5）安全与保护功能测试；

（6）通用技术条件测试。

185. 接入电网的 10kV 光伏电站运行维护有哪些要求？

答：（1）10kV 分布式光伏发电调度运行管理按照电源性质实行。

（2）系统侧设备消缺、检修优先采用不停电作业方式。

（3）系统侧设备停电检修工作结束后，分布式光伏用户应按次序逐一并网。

第四章

分布式光伏发用电合同

第一节　A类分布式光伏发用电合同

186. 分布式光伏发用电合同文本内容由几部分组成?

答: 分布式光伏发用电合同文本内容由发用电基本情况，合同双方的义务，合同变更、转让和终止，违约责任和附则五部分组成。

187. 分布式光伏发用电合同文本分几类?

答: 分布式光伏发用电合同文本分A类、B类、C类、D类四类。

188. A类分布式光伏发用电合同文本适用于何种对象?

答: A类分布式光伏发用电合同文本适用对象为接入公用电网的分布式光伏发电项目。

189. B类分布式光伏发用电合同文本适用于何种对象?

答: B类分布式光伏发用电合同文本适用对象为发电项目业主与客户为同一法人，且接入高压用户内部电网的分布式光伏发电项目。

190. C类分布式光伏发用电合同文本适用于何种对象?

答: C类分布式光伏发用电合同文本适用对象为发电项目业主与用户为同一法人，且接入低压用户内部电网的分布式光伏发电项目。

191. D 类分布式光伏发用电合同文本适用于何种对象？

答： D 类分布式光伏发用电合同文本适用对象为发电项目业主与用户为不同法人，且接入高压用户内部电网的分布式光伏发电项目。

192. A 类分布式光伏发用电合同文本中的“发用电基本情况”包括哪些内容？

答： A 类分布式光伏发用电合同文本中的“发用电基本情况”包括并网方式及产权划分、设备维护管理责任范围、电量计量、电能计量装置及相关设备、电能计量装置维护管理、电能计量装置的校验、计量异常处理、电量计算依据、上电量、用网电量计算、电费计算、电费结算、电能计量、计费差错调整的电费支付、资料与记录等内容。

193. A 类分布式光伏发用电合同文本中的“合同双方的义务”包括哪些内容？

答： A 类分布式光伏发用电合同文本中的“合同双方的义务”包括甲方的义务和乙方的义务。

194. A 类分布式光伏发用电合同文本中的“合同变更、转让和终止”包括哪些内容？

答： A 类分布式光伏发用电合同文本中的“合同变更、转让和终止”包括合同变更、合同变更程序、合同转让、合同终止、合同解除、合同解除程序内容。

195. A 类分布式光伏发用电合同文本中的“违约责任”包括哪些内容？

答： A 类分布式光伏发用电合同文本中的“违约责任”包括甲方违约责任和乙方违约责任。

196. A类分布式光伏发用电合同文本中的“附则”包括哪些内容？

答：A类分布式光伏发用电合同文本中的“附则”包括不可抗力、合同的生效和期限、争议的解决、保密、通知与送达、文本和附件、特别约定的内容。

197. B类分布式光伏发用电合同文本中的“发用电基本情况”包括哪些内容？

答：B类分布式光伏发用电合同文本中的“发用电基本情况”包括发用电地址，用电性质，用电容量，供电方式，自备应急电源及非电保安措施，无功补偿及功率因数，光伏发电，产权分界点及责任划分，电能计量，电量的抄录和计算，计量失准及争议处理规则，电价、电费，电费支付及结算的内容。

198. B类分布式光伏发用电合同文本中的“双方的义务”包括哪些内容？

答：B类分布式光伏发用电合同文本中的“双方的义务”包括“甲方的义务”和“乙方的义务”。“甲方的义务”包括电能质量、电量收购、连续供电、中止供电程序、越界操作、禁止行为、事故抢修、信息提供、信息保密的内容。“乙方的义务”包括交付电费、保安措施、受电设施合格、受电设施及自备应急电源管理、保护的整定与配合、无功补偿保证、电能质量共担、有关事项的通知、配合事项、越界操作、不得在用电中实施如下行为、减少损失的内容。

199. B类分布式光伏发用电合同文本中的“合同变更、转让和终止”包括哪些内容？

答：B类分布式光伏发用电合同文本中的“合同变更、转让和终止”包括合同变更、合同变更程序、合同转让、合同终止、合同解除、合同解除程序的内容。

200. B 类分布式光伏发用电合同文本中的“违约责任”包括哪些内容?

答: B 类分布式光伏发用电合同文本中的“违约责任”包括甲方的违约责任和乙方的违约责任。

201. B 类分布式光伏发用电合同文本中的“附则”包括哪些内容?

答: B 类分布式光伏发用电合同文本中的“附则”包括供电时间、合同效力、调度通信、争议解决、通知及同意、文本和附件、提示和说明、特别约定的内容。

202. C 类分布式光伏发用电合同文本中的“发用电基本情况”包括哪些内容?

答: C 类分布式光伏发用电合同文本中的“发用电基本情况”包括发用电地址,用电性质,用电容量,供电方式,自备应急电源及非电保安措施,无功补偿及功率因数,光伏发电,产权分界点及责任划分,电能计量,电量的抄录和计算,计量失准及争议处理规则,电价、电费,电费支付及结算的内容。

203. C 类分布式光伏发用电合同文本中的“双方的义务”包括哪些内容?

答: C 类分布式光伏发用电合同文本中的“双方的义务”包括“甲方的义务”和“乙方的义务”。“甲方的义务”包括电能质量、电量收购、连续供电、中止供电程序、越界操作、禁止行为、事故抢修、信息提供、信息保密的内容。“乙方的义务”包括交付电费、保安措施、受电设施合格、受电设施及自备应急电源管理、保护的整定与配合、无功补偿保证、电能质量共担、有关事项的通知、配合事项、越界操作、不得在用电中实施如下行为、减少损失的内容。

204. C类分布式光伏发用电合同文本中的“合同变更、转让和终止”包括哪些内容？

答：C类分布式光伏发用电合同文本中的“合同变更、转让和终止”包括合同变更、合同变更程序、合同转让、合同终止、合同解除、合同解除程序的内容。

205. C类分布式光伏发用电合同文本中的“违约责任”包括哪些内容？

答：C类分布式光伏发用电合同文本中的“违约责任”包括甲方的违约责任和乙方的违约责任。

206. C类分布式光伏发用电合同文本中的“附则”包括哪些内容？

答：C类分布式光伏发用电合同文本中的“附则”包括供电时间、合同效力、调度通信、争议解决、通知及同意、文本和附件、提示和说明、特别约定的内容。

207. D类分布式光伏发用电合同文本中的“发用电基本情况”包括哪些内容？

答：D类分布式光伏发用电合同文本中的“发用电基本情况”包括发用电地址，用电性质，用电容量，供电方式，自备应急电源及非电保安措施，无功补偿及功率因数，光伏发电，产权分界点及责任划分，电能计量，电量的抄录和计算，计量失准及争议处理规则，电价及电费，电费支付及结算的内容。

208. D类分布式光伏发用电合同文本中的“三方的义务”包括哪些内容？

答：D类分布式光伏发用电合同文本中的“三方的义务”包括“甲方的义务”“乙方的义务”和“丙方的义务”。“甲方的义务”包括电能质量、电量收购、连续供电、中止供电程序、越界操作、禁止行为、事故抢修、信息提供、信息保密的内容。“乙方的义务”包括交付电费、保安措施、发用电设施合格、发用电设施及自备应急电源管理、保护的整定与配合、无功补偿保证、电能质量共担、有关事项的通知、配合事项、越界操作、不得在用电中实施如下行为、减少损失的内容。“丙方的义务”包括电能质量、越界操作、禁止行为、事故抢修、信息保密、保安措施、电能质量共担、有关事项的通知、配合事项、减少损失的内容。

209. D 类分布式光伏发用电合同文本中的“合同变更、转让和终止”包括哪些内容？

答：D 类分布式光伏发用电合同文本中的“合同变更、转让和终止”包括合同变更、合同变更程序、合同转让、合同终止、合同解除、合同解除程序的内容。

210. D 类分布式光伏发用电合同文本中的“违约责任”包括哪些内容？

答：D 类分布式光伏发用电合同文本中的“违约责任”包括甲方的违约责任、乙方的违约责任和丙方的违约责任。

211. D 类分布式光伏发用电合同文本中的“附则”包括哪些内容？

答：D 类分布式光伏发用电合同文本中的“附则”包括供电时间、合同效力、调度通信、争议解决、通知及同意、文本和附件、提示和说明、特别约定的内容。

212. A、B、C、D 四类分布式光伏发用电合同封面有什么区别？

答：A、B、C 三类分布式光伏发用电合同封面内容一样，而 D 类分布式光伏发用电合同封面内容与以上三种不一样。

213. A、B、C 三类分布式光伏发用电合同封面包括哪些内容？

答：A、B、C 三类分布式光伏发用电合同封面一样均包括合同编号、甲方、乙方、签订日期、签订地点。

214. D类分布式光伏发用电合同封面包括哪些内容?

答: D类分布式光伏发用电合同封面包括合同编号、甲方、乙方、丙方、签订日期、签订地点。

215. 分布式光伏发用电合同编号有何规定?

答: 分布式光伏发用电合同编号由供电公司统一编号，编号不能重复，应按照分布式光伏发用电合同签订时间先后顺序排列使用。

216. 分布式光伏发用电合同中的甲方指谁?

答: 分布式光伏发用电合同中的甲方指一家在工商行政管理局登记注册且已取得国家电力监管委员会颁发的输电（供电）许可证的电网经营企业。

217. 分布式光伏发用电合同中的乙方指谁?

答: 分布式光伏发用电合同中的乙方指一家拥有分布式光伏发电项目且具有法人资格，并在工商行政管理局登记注册的电力用户。

218. 分布式光伏发用电合同中的丙方指谁?

答: 分布式光伏发用电合同中的丙方指一家具有法人资格，并在工商行政管理局登记注册的分布式光伏发电企业。

219. 分布式光伏发用电合同中的“签订日期”有何规定?

答: A、B、C三类分布式光伏发用电合同应填写甲方、乙方签订分布式光伏发用电合同时的日期。D类分布式光伏发用电合同应填写甲方、乙方、丙方签订分布式光伏发用电合同时的日期。分布式光伏发用电合同封面上的签订日期应与签署页中的最迟签订日期保持一致。

220. 分布式光伏发用电合同中的“签订地点”有何规定?

答: A、B、C三类分布式光伏发用电合同应填写甲方、乙方签订分布式光伏发用电合同时的所在地点。D类分布式光伏发用电合同应填写甲方、乙方、丙方签订分布式光伏发用电合同时的所在地点。

221. 分布式光伏发用电合同签订依据是什么?

答: 为明确甲方和乙方双方（或甲方、乙方和丙方三方）在电力供应与使用中的权利和义务，双方（或三方）根据《中华人民共和国合同法》《中华人民共和国电力法》《供电营业规则》《电力供应与使用条例》《电网调度管理条例》《可再生能源法》以及国家其他有关法律法规，本着平等、自愿、公平和诚实信用的原则，经协商一致，签订分布式光伏发用电合同。

222. A类分布式光伏发用电合同的变更要求是什么?

答: A类分布式光伏发用电合同的起草应严格按照统一的分布式光伏发用电合同文本的条款格式进行。根据国家法律、法规及相关政策，签约单位结合实际工作需要，可在引用的发用电统一合同文本基础上，对合同文本“发用电基本情况”条款项下的具体内容进行变更。其余各章内容如需变更，应在“特别约定”条款中进行约定。

223. A类分布式光伏发用电合同中的“并网方式及产权划分”如何填写?

答: 乙方要在合同中明确填写“通过××个并网点与甲方电网连接”。对于每一个并网点都要明确填写“并网电压等级是××千伏”，还要写明“通过××线（T接线）接至××千伏××变电所并网”，写明“通过××线（T接线）接至××千伏××开关站”并网，写明“通过××线（T接线）接至××千伏××台区变压器并网”。合同中还要明确填写产权分界点所设的具体地点。

224. A类分布式光伏发用电合同中的“设备维护管理责任范围”应明确的内容有哪些？

答：甲方、乙方要按照产权归属各自负责其电力设施的运行、维护、日常管理和安全工作，并承担有关法律责任。如产权所有方将其电力设施委托另一方或有相关资质的第三方运行维护管理时，应另行签订《电力设施委托运行维护管理协议》，明确协议双方的权利和义务。

225. A类分布式光伏发用电合同中的“电量计量”包括哪些内容？

答：A类分布式光伏发用电合同中的“电量计量”包括：①计量点名称（填写并网点1. 并网点2. 并网点3……）、②计量点类型（填写用网电量计量点和上网电量计量点）、③设备名称、④精度、⑤倍率、⑥产权。

226. A类分布式光伏发用电合同中的“电能计量装置及相关设备”应明确的内容有哪些？

答：A类分布式光伏发用电合同中的“电能计量装置及相关设备”应明确的内容有：

（1）电能计量装置包括电能表、计量用电压互感器、电流互感器及二次回路等。

（2）电能计量装置按照《电能计量装置技术管理规程》（DL/T 448—2016）进行配置。

（3）如设有电能量远方终端（包括其他采集终端），其技术性能应满足《电能量远方终端》（DL/T 743—2001）的要求。

（4）电能计量装置应在光伏项目发电设备并网前按要求安装完毕，并按规定进行调试。电能计量装置投运前，由甲方依据《电能计量装置技术管理规程》（DL/T 448—2016）的要求进行竣工验收。已运行的电能计量装置，由经国家计量管理部门认可、双方确认的电能计量检测机构对电能计量装置的技术性能及管理状况进行技术认定；对于不能满足要求的项目内容，应经双方协商一致，限期完成改造。

(5) 当在同一计量点计量上网电量和用网电量时，应分别安装计量上网电量和用网电量的电能表，或安装具有正反向计量功能的电能表。

(6) 电能计量装置由经国家计量管理部门认可的电能计量检测机构检定并施加封条、封印或其他封固措施。任何一方均不能擅自拆封、改动电能计量装置及其相互间的连线或更换计量装置元件。若一方提出技术改造，改造方案需经另一方同意且在双方到场的情况下方可实施，并须按《电能计量装置技术管理规程》(DL/T 448—2016) 及改造要求通过竣工验收后方可投入使用。

227. A类分布式光伏发用电合同中的“电能计量装置维护管理”应明确哪些内容?

答: A类分布式光伏发用电合同中的“电能计量装置维护管理”应明确的内容有电能计量装置和电能量远方终端（包括其他采集终端）由甲方付费购买、安装、调试，并由甲方负责日常管理和维护，乙方予以配合、协助。电能计量装置安装在乙方一侧的，由乙方负责保护。

228. A类分布式光伏发用电合同中的“电能计量装置的校验”应明确哪些内容?

答: A类分布式光伏发用电合同中的“电能计量装置的校验”应明确的内容有电能计量装置的故障排查和定期校验，由经国家计量管理部门认可的电能计量检测机构承担，双方共同参加。由此发生的费用，按设备产权归属由设备产权所有人承担。任何一方可随时要求对电能计量装置进行定期校验以外的校验或测试，校验或测试由经国家计量管理部门认可的电能计量检测机构进行。若经过校验或测试发现电能计量装置误差达不到规定的精度，更新改造所发生的费用，按设备产权归属由设备产权所有人承担。若不超差，则发生的费用由提出校验的一方承担。

229. A类分布式光伏发用电合同中的“计量异常处理”应明确哪些内容?

答: A类分布式光伏发用电合同中的“计量异常处理”应明确合同双方的任一方发现电能计量装置异常或出现故障而影响电能计量时，应立即通知对方和双方认可的计量检测机构，共同排查问题，尽快恢复正常计量。正常情况下，结算电量以结算计量点电能表数据为依据。如果结算计量点电能表出现异常，则按对侧电能表数据确定。对其他异常情况，双方在充分协商的基础上，可根据失压记录、失压计时等设备提供的信息，确定异常期内的电量。

230. 对A类分布式光伏发用电合同中的“电量计算依据”有哪些要求?

答: 对A类分布式光伏发用电合同中的“电量计算依据”的要求有:

(1) 上网电量或用网电量以月为结算期，年终清算。上网电量以计量点电能表某日24:00时抄见电量为依据(上网电量的抄录和确认时间由双方协商确定，但最晚不得晚于次月5日)，用网电量以计量点电能表某日24:00时抄见电量为依据(上网电量的抄录和确认时间由双方协商确定，但最晚不得晚于次月5日)，经双方共同确认，据以计算电量。

(2) 结算电量数据的抄录按照以下三种情况进行:

1) 正常情况下，合同双方以计量点电能表计量的电量数据作为结算依据。如装有主、副表，则以主表计量的电量数据作为结算依据，副表的数据用于对主表数据进行核对或在主表发生故障或因故退出运行时，代替主表计量。

2) 现场抄录结算电量数据。在甲方电能量远方终端投运前，利用电能表的冻结功能设定所指24:00时的表计数为抄表数，由双方人员约定于某日现场抄表。

3) 远方采集结算电量数据。在甲方电能量主站管理系统正式投入运行后，双方同意以该系统采集的电量为结算依据。若主站管理系统出现问题影响结算数据正确性，以现场抄录数据为准。

231. 对A类分布式光伏发用电合同中的“付款方式”有哪些要求?

答: 对A类分布式光伏发用电合同中的“付款方式”要求是：任何一方根据签订合同应付另一方的任何款项，均应直接汇入收款方在签订合同中提供的银行账户。当收款方书面通知另一方变更开户银行或账号时，汇入变更后的银行账户。收款方增值税专用发票上注明的银行账户应与签订合同提供的或书面变更后的相同。如确需使用其他支付方式，则需经双方协商一致同意后使用。

232. 对A类分布式光伏发用电合同中的“资料与记录”有哪些要求?

答: 对A类分布式光伏发用电合同中的“资料与记录”要求是：双方同意各自保存原始资料与记录，以备根据签订合同在合理范围内对报表、记录检查或计算的精确性进行核查。

233. A类分布式光伏发用电合同中的甲方义务有哪些?

答: A类分布式光伏发用电合同中的甲方义务有以下内容：

(1) 按照签订合同的约定购买乙方的上网电量，并按约定支付上网电费。

(2) 在电力系统正常情况下，甲方按《供电营业规则》规定的电能质量标准向乙方提供网供电力。按照国家标准、电力行业标准运行、维护电网输变电设施，维护电力系统安全、优质、经济运行。

(3) 按照国家有关规定，公开、公正、公平地实施电力调度及信息披露。

(4) 依据国家有关规定或双方约定，向乙方提供光伏项目运营所需电力。

(5) 除因不可抗力或者有危及电网安全稳定的情形外，不应限制乙方发电。

（6）根据政府权限部门规定，对乙方管理的电厂进行辅助服务与性能指标测评，并落实测评结果。

234. A类分布式光伏发用电合同中的乙方义务有哪些？

答：A类分布式光伏发用电合同中的乙方义务有以下内容：

（1）按照签订合同的约定向甲方出售符合国家标准和电力行业标准的电能。

（2）乙方供出的电能的电压偏差、谐波、闪变及电压波动、三相不平衡等电能质量指标应满足GB/T 12325、GB/T 14549、GB/T 12326、GB/T 15543等标准的规定。

（3）甲方定期或不定期测试电能质量。乙方电能质量达不到国家标准的，应在甲方规定的时间内进行技术改造达到国家标准，否则甲方有权在并网点解列中止上网或网供电力。

（4）服从电力统一调度，按照国家标准、电力行业标准及调度规程运行和维护发电设备，确保发电设备的运行能力达到国家有关部门和电力行业有关部门颁发的技术标准和规则的要求，维护电力系统安全、优质、经济运行。

（5）按月向甲方提供发电设备可靠性指标和设备运行情况，及时提供设备缺陷情况，定期向甲方提供发电设备检修计划。

（6）按照政府有关部门或电力行业内有关规定，按时上报月度、年度电力生产计划建议。

（7）执行政府权限部门规定，参加辅助服务与性能指标测评，提高发电设备技术管理水平和运行管理水平。

（8）所发电量全部上网。未经国家有关部门批准，不经营直接对用户的供电业务。

235. A类分布式光伏发用电合同如何变更？

答：A类分布式光伏发用电合同履行中发生下列情形，双方应协商修改合同相关条款：

（1）当事人名称变更。

（2）改变供电方式、并网方式。

（3）增加或减少并网点、计量点。

（4）增加或减少发用电容量。

（5）电费计算方式变更。

（6）产权分界点调整。

（7）违约责任的调整。

（8）由于供电能力变化或国家对电力供应与使用管理的政策调整，使订立合同时的依据被修改或取消。

（9）其他需要变更合同的情形。

236. A 类分布式光伏发用电合同变更程序是什么？

答：A 类分布式光伏发用电合同如需变更，按以下程序进行：

（1）甲、乙双方其中一方提出合同变更请求，必须经双方协商达成一致。

（2）双方签订《合同事项变更确认书》。

237. A、B、C、D 类分布式光伏发用电合同中双方签订的《合同事项变更确认书》包括哪些内容？

答：A、B、C、D 类分布式光伏发用电合同中双方签订的《合同事项变更确认书》包括：变更事项、变更前约定、变更后约定、甲方盖章签字确认、甲方确认日期、乙方盖章签字确认、乙方确认日期等内容。

238. A 类分布式光伏发用电合同转让有何要求？

答：未经对方同意，任何一方不得将 A 类分布式光伏发用电合同下义务转让给第三方。

239. 遇有何种情况才能终止 A 类分布式光伏发用电合同？

答：当遇有下列情况时才能终止 A 类分布式光伏发用电合同：

（1）乙方主体资格丧失或依法宣告破产。

（2）甲方主体资格丧失或依法宣告破产。

（3）合同依法或依协议解除。

（4）合同有效期届满，双方未就合同继续履行达成有效协议。

240. A 类分布式光伏发用电合同终止不会影响哪些内容？

答： A 类分布式光伏发用电合同终止不会影响合同既有债权、债务的处理。

241. A 类分布式光伏发用电合同解除程序是什么？

答： A 类分布式光伏发用电合同解除程序如下：

（1）双方协议解除合同的，应达成书面解除协议，合同效力因解除协议生效而终止。

（2）乙方行使合同解除权，应提前书面通知甲方，甲方实施停电后合同解除。

（3）甲方行使合同解除权，应提前书面通知乙方，甲方实施停电后合同解除。

242. A 类分布式光伏发用电合同中对"双方违约责任"有哪些要求？

答：（1）任何一方违反 A 类分布式光伏发用电合同约定条款视为违约，另一方有权要求违约方赔偿因违约造成的经济损失。

（2）除 A 类分布式光伏发用电合同其他各章约定以外，双方约定甲方应当承担的违约责任还应在合同中明确。

（3）除 A 类分布式光伏发用电合同其他各章约定以外，双方约定乙方应当承担的违约责任还应在合同中明确。

（4）一旦发生违约行为，非违约方应立即通知违约方停止违约行为，并尽快向违约方发出一份要求其纠正违约行为和请求其按照 A 类分布式光伏发用电合同的约定支付违约金的书面通知。违约方应立即采取措施纠正其违约行为，并按照 A 类分布式光伏发用电合同的约定确认违约行为、支付违约金或赔偿另一方的损失。

（5）在 A 类分布式光伏发用电合同规定的履行期限届满之前，任何一方明确表示或以自己的行为表明不履行合同义务的，另一方可要求对方承担违约责任。

243. A类分布式光伏发用电合同中的“上网电量”是指什么？

答：A类分布式光伏发用电合同中的上网电量是指乙方在计量关口点输送给甲方的电量，电量的计量单位为kWh（千瓦时）。

244. A类分布式光伏发用电合同中的“用网电量”是指什么？

答：A类分布式光伏发用电合同中的用网电量是指甲方在计量关口点输送给乙方的电量，电量的计量单位为kWh（千瓦时）。

245. A类分布式光伏发用电合同中的“甲方原因”是指什么？

答：A类分布式光伏发用电合同中的甲方原因是指由于甲方的要求或责任，包括因甲方未执行国家有关规定和标准等，导致事故范围扩大而应当承担的责任。

246. A类分布式光伏发用电合同中的“乙方原因”是指什么？

答：A类分布式光伏发用电合同中的乙方原因是指由于乙方的要求或责任，包括因乙方未执行国家有关规定和标准等，导致事故范围扩大而应当承担的责任。

247. A类分布式光伏发用电合同中的“产权分界点”是指什么？

答：A类分布式光伏发用电合同中的产权分界点是指甲方资产与乙方资产的分界点。

248. A类分布式光伏发用电合同中的“计量点”是指什么？

答：A类分布式光伏发用电合同中的计量点是指用于贸易结算的电能计量装置装设地点。

249. A类分布式光伏发用电合同中的“并网方式”是指什么？

答：A类分布式光伏发用电合同中的并网方式是指乙方光伏

项目与甲方电网的连接方式。

250. A类分布式光伏发用电合同中的“上网电价”是指什么？

答：A类分布式光伏发用电合同中的上网电价是指甲方购买乙方电量所执行的电价。

251. A类分布式光伏发用电合同中的“用网电价”是指什么？

答：A类分布式光伏发用电合同中的用网电价是指乙方购买甲方电量所执行的电价。

252. A类分布式光伏发用电合同中的“紧急情况”是指什么？

答：A类分布式光伏发用电合同中的紧急情况是指电网发生事故或者发电、供电设备发生事故；电网频率或电压超出规定范围、输变电设备负载超过规定值、主干线路功率值超出规定的稳定限额以及其他威胁电网安全运行，有可能破坏电网稳定，导致电网瓦解以至大面积停电等运行情况。

253. A类分布式光伏发用电合同中的“技术参数”是指什么？

答：A类分布式光伏发用电合同中的技术参数是指合同中的电力设施（包括发电设备和并网设施）的技术限制条件。

254. A类分布式光伏发用电合同中的“主要技术参数”有哪些？

答：A类分布式光伏发用电合同中的主要技术参数有逆变器的型号、制造厂家、铭牌出力、额定出力、额定电压、额定功率因数、额定转速。变压器的型号、额定容量、额定电压、额定频率、中性点接地方式。

255. A类分布式光伏发用电合同中的“工作日”是指什么？

答：A类分布式光伏发用电合同中的工作日是指除法定节假日以外的公历日。如约定电费支付日不是工作日，则电费支付日顺延至下一工作日。

256. A 类分布式光伏发用电合同中的“不可抗力”是指什么？

答：A 类分布式光伏发用电合同中的不可抗力是指不能预见、不能避免并不能克服的客观情况，包括火山爆发、龙卷风、海啸、暴风雪、泥石流、山体滑坡、水灾、火灾、来水达不到设计标准、超设计标准的地震、台风、雷电、雾闪以及核辐射、战争、瘟疫、骚乱等。

第二节　B 类分布式光伏发用电合同

257. B 类分布式光伏发用电合同中对“发用电地址”有何要求？

答：B 类分布式光伏发用电合同中对发用电地址的要求是乙方发电与用电项目位于同一地址。

258. B 类分布式光伏发用电合同中的“用电性质”包括哪些内容？

答：B 类分布式光伏发用电合同中的“用电性质”包括行业分类、用电分类、负荷特性，负荷特性又包括负荷性质、负荷时间特性。

259. B 类分布式光伏发用电合同中的“用电容量”是指什么？

答：B 类分布式光伏发用电合同中的“用电容量”是指乙方申请、并经甲方核准使用电力的最大功率或视在功率。

260. B 类分布式光伏发用电合同中的“受电点”是指什么？

答：B 类分布式光伏发用电合同中的“受电点”是指乙方受电装置所处的位置。为接受供电网供给的电力，并能对电力进行有效变换、分配和控制的电气设备，如高压用户的一次变电站（所）或变压器台、开关站，低压用户的配电室、配电屏等，都可称为乙方的受电装置。

261. B类分布式光伏发用电合同中的“保安负荷”是指什么？

答：B类分布式光伏发用电合同中的“保安负荷”是指重要电力用户用电设备中需要保证连续供电和不发生事故，具有特殊的用电时间、使用场合、目的和允许停电的时间的重要电力负荷。

262. B类分布式光伏发用电合同中的“电能质量”是指什么？

答：B类分布式光伏发用电合同中的“电能质量”是指供电电压、频率和波形。

263. B类分布式光伏发用电合同中的“计量方式”是指什么？

答：B类分布式光伏发用电合同中的“计量方式”是指计量电能的方式，一般分为高压侧计量和低压侧计量以及高压侧加低压侧混合计量三种方式。

264. B类分布式光伏发用电合同中的“计量点”是指什么？

答：B类分布式光伏发用电合同中的“计量点”是指用于贸易结算的电能计量装置装设地点。

265. B类分布式光伏发用电合同中的“计量装置”包括哪些内容？

答：B类分布式光伏发用电合同中的“计量装置”包括电能表、互感器、二次连接线、端子牌及计量箱柜。

266. B类分布式光伏发用电合同中的“冷备用”是指什么？

答：需经甲方许可或启封，经操作后可接入电网的设备，在B类分布式光伏发用电合同中视为“冷备用”。

267. B类分布式光伏发用电合同中的“热备用”是指什么？

答：不需经甲方许可，一经操作即可接入电网的设备，在B

类分布式光伏发用电合同中视为“热备用”。

268. B 类分布式光伏发用电合同中的“谐波源负荷”是指什么?

答: B类分布式光伏发用电合同中的“谐波源负荷”是指乙方向公共电网注入谐波电流或在公共电网中产生谐波电压的电气设备。

269. B 类分布式光伏发用电合同中的“冲击负荷”是指什么?

答: B类分布式光伏发用电合同中的“冲击负荷”是指乙方用电过程中周期性或非周期性地从电网中取用快速变动功率的负荷。

270. B 类分布式光伏发用电合同中的“非对称负荷”是指什么?

答: B类分布式光伏发用电合同中的“非对称负荷”是指因三相负荷不平衡引起电力系统公共连接点正常三相电压补平衡度发生变化的负荷。

271. B 类分布式光伏发用电合同中的“自动重合闸装置重合成功”是指什么?

答: B类分布式光伏发用电合同中的“自动重合闸装置重合成功”是指供电线路事故跳闸时，电网自动重合闸装置在整定时间内自动合闸成功；或自动重合装置不动作及未安装自动重合装置时，在运行规程规定的时间内一次强送成功的。

272. B 类分布式光伏发用电合同中的“倍率”是指什么?

答: B类分布式光伏发用电合同中的“倍率”是指间接式计量电能表所配电流互感器、电压互感器变比及电能表自身倍率的乘积。

273. B 类分布式光伏发用电合同中的“线损”是指什么?

答: B类分布式光伏发用电合同中的“线损”是指线路在传输

电能时所发生的有功损耗、无功损耗。

274. B 类分布式光伏发用电合同中的“变损”是指什么？

答：B 类分布式光伏发用电合同中的“变损”是指变压器在运行过程中所产生的有功损耗和无功损耗。

275. B 类分布式光伏发用电合同中的“无功补偿”是指什么？

答：B 类分布式光伏发用电合同中的“无功补偿”是指为提高功率因数、减少损耗、提高用户侧电压合格率而采取的技术措施。

276. B 类分布式光伏发用电合同中的“计划检修”是指什么？

答：B 类分布式光伏发用电合同中的“计划检修”是指按照年度、月度检修计划实施的设备检修。

277. B 类分布式光伏发用电合同中的“临时检修”是指什么？

答：B 类分布式光伏发用电合同中的“临时检修”是指供电设备出现故障或需要临时改造等原因引起的非计划、临时性停电（检修）。

278. B 类分布式光伏发用电合同中的“紧急避险”是指什么？

答：B 类分布式光伏发用电合同中的“紧急避险”是指电网发生事故或者发电、供电设备发生重大事故，电网频率或电压超出规定范围、输变电设备负载超过规定值、主干线路功率值超出规定的稳定限额以及其他威胁电网安全运行，有可能破坏电网稳定，导致电网瓦解以至大面积停电等运行情况时，甲方采取的避险措施。

279. B 类分布式光伏发用电合同中的“不可抗力”是指什么？

答：B 类分布式光伏发用电合同中的“不可抗力”是指不能预见、不能避免并不能克服的客观情况。包括火山爆发、龙卷风、海啸、暴风雪、泥石流、山体滑坡、水灾、火灾、来水达不到设计标准、超设计标准的地震、台风、雷电、雾闪以及核辐射、战争、瘟疫、骚乱等。

280. B类分布式光伏发用电合同中的“逾期”是指什么?

答: B类分布式光伏发用电合同中的“逾期”是指超过双方约定的交纳电费的截止日的第二天，不含截止日。

281. B类分布式光伏发用电合同中的“受电设施”是指什么?

答: B类分布式光伏发用电合同中的“受电设施”是指乙方用于接受供电企业供给的电能而建设的电气装置及相应的建筑物。

282. B类分布式光伏发用电合同中的“国家标准”是指什么?

答: B类分布式光伏发用电合同中的“国家标准”是指国家标准管理专门机关按法定程序颁发的标准。

283. B类分布式光伏发用电合同中的“电力行业标准”是指什么?

答: B类分布式光伏发用电合同中的“电力行业标准”是指国务院电力管理部门依法制定颁发的标准。

284. B类分布式光伏发用电合同中的“基本电价”是指什么?

答: B类分布式光伏发用电合同中的“基本电价”是指按用户用电容量（或最大需量）计算电费的电价。

285. B类分布式光伏发用电合同中的“电度电价”如何计算?

答: B类分布式光伏发用电合同中的“电度电价”是指按用户用电量计算电费的电价。

286. B类分布式光伏发用电合同中的“两部制电价”是如何构成?

答: B类分布式光伏发用电合同中的“两部制电价”由基本电

价和电度电价构成。

287. 何谓B类分布式光伏发用电合同中的“重要电力用户”?

答: B类分布式光伏发用电合同中的“重要电力用户”是指在国家或者一个地区（城市）的社会、政治、经济生活中占有重要地位，对其中断供电将可能造成人身伤亡、较大环境污染、较大政治影响、较大经济损失、社会公共秩序严重混乱的用电单位或对供电可靠性有特殊要求的用电场所。

288. B类分布式光伏发用电合同中的“分布式光伏发电项目”指的是哪些项目?

答: B类分布式光伏发用电合同中的“分布式光伏发电项目”是指位于用户附近，所发电能就地利用，以10kV及以下电压等级接入电网，且单个并网点总装机容量不超过6MW的光伏发电项目。

289. B类分布式光伏发用电合同中的“上网电量”指的是什么?

答: 指乙方在计量关口点输送给甲方的电量，电量的计量单位为kWh（千瓦时）。

290. B类分布式光伏发用电合同中的“上网电价”指的是什么?

答: B类分布式光伏发用电合同中的“上网电价”是指甲方购买乙方电量所执行的电价。

291. 何谓B类分布式光伏发用电合同中的“工作日”?

答: B类分布式光伏发用电合同中的“工作日”是指除法定节假日以外的公历日。如约定电费支付日不是工作日，则电费支付日顺延至下一工作日。

292. B类分布式光伏发用电合同中的"用电容量"应填写哪些内容?

答: B类分布式光伏发用电合同中的"用电容量"要明确填写乙方共有几个受电点，对自备应急发电容量要填写实际千伏安数值。

(1) 变压器填写要求：要填写受电点的受电变压器台数，对于不同容量的变压器要分别填写变压器的容量。如果是多台变压器，应填写变压器之间的运行方式，比如运行状态、热备用状态、冷备用状态、停用状态等。

(2) 高压电机填写要求：要填写受电点的受电高压电机台数，对于不同容量的高压电机要分别填写变压器的容量。如果是多台高压电机，应填写高压电机之间的运行方式，比如运行状态、热备用状态、冷备用状态、停用状态等。

293. B类分布式光伏发用电合同中的"供电方式"应明确哪些内容?

答: B类分布式光伏发用电合同中的"供电方式"应写明甲方向乙方提供单电源（或双电源、双回路、多电源、多回路）50Hz三相交流电源。

294. B类分布式光伏发用电合同中的"电源性质"应明确哪些内容?

答: 在B类分布式光伏发用电合同中的"电源性质"栏内应注明主供电源（或冷备用电源、热备用电源）。

295. B类分布式光伏发用电合同中的"单电源"应明确哪些内容?

答: 在B类分布式光伏发用电合同中的"单电源"应写明"单电源从甲方的××变电站（或××配电变压器）出线"，应写明出线的电压等级，出线应注明是架空线（或电缆），出线还应注明是专用线路还是公用线路，"出线经××变电站出口断路器（或

××配电变压器的出口开关）”要写明断路器（或开关）的双重编号，单电源出线送向乙方的受电点应写明。

296. B类分布式光伏发用电合同中的“双电源”应明确哪些内容？

答：在B类分布式光伏发用电合同中的“双电源”应写明每一路电源“从甲方的××变电站（或××配电变压器）出线”，应写明每一路电源出线的电压等级，每一路电源出线应注明是架空线（或电缆），每一路电源出线还应注明是专用线路还是公用线路，每一路电源出线“经××变电站出口断路器（或××配电变压器的出口开关）”要写明断路器（或开关）的双重编号，每一路电源出线送向乙方的受电点应写明。

297. B类分布式光伏发用电合同中的“多路供电电源联络”有何要求？

答：在B类分布式光伏发用电合同中，对于“多路供电电源联络”必须注明电源联络方式是高压联络还是低压联络。

298. B类分布式光伏发用电合同中的“多路供电电源闭锁”有何要求？

答：在B类分布式光伏发用电合同中，对于“多路供电电源闭锁”必须注明电源闭锁方式是机械闭锁、电气闭锁还是微机闭锁。

299. B类分布式光伏发用电合同中的“自备应急电源”有何要求？

答：在B类分布式光伏发用电合同中，对于乙方的“自备应急电源”应明确要求由乙方自行准备应急电源或采取非电保安措施，确保电网意外断电不影响乙方用电安全。合同中要写明乙方采用自备发电机（或不间断电源）作为保安负荷的应急电源，分布式光伏发电电源不能作为乙方的自备应急电源。自备发电机要写明功率，不间断电源（UPS/EPS）要写明功率，自备应急电源与电网电源之间装设的闭锁装置要写明是电气闭锁装置还是机械闭锁装置。乙方按照行业性质所采取的非电保安措施也要在合同中注明。

300. B 类分布式光伏发用电合同中对无功补偿及功率因数有何要求？

答：在 B 类分布式光伏发用电合同中，要写明乙方无功补偿装置总容量，在合同中还要明确要求电网在高峰时段时功率因数应达到的最低值。

301. B 类分布式光伏发用电合同中对光伏发电设备有何要求？

答：在 B 类分布式光伏发用电合同中要对乙方拥有光伏项目明确其管理、运行和维护责任，要写明乙方拥有光伏项目发电容量。要对乙方拥有光伏发电量消纳模式做出选择，是自发自用余电上网还是全部上网模式。在合同中要明确乙方光伏项目与其内部电网连接的并网点数量，也要注明并网点的电压等级。对于通过线路接入开关站的并网点，要在合同中写明线路名称和电压等级，如果线路为 T 接线路，还要写明 T 接线路名称，写明开关站的名称编号和电压等级。

302. B 类分布式光伏发用电合同中对产权分界点及责任划分有何要求？

答：在 B 类分布式光伏发用电合同中必须要明确甲、乙双方产权分界点。甲、乙双方产权分界点以文字和附图表述，以文字为准。分界点电网侧产权属于甲方，分界点用户侧产权属于乙方，双方各自承担其产权范围内发用电设施上发生事故等引起的法律责任。

303. B 类分布式光伏发用电合同中对计算电量有何要求？

答：在 B 类分布式光伏发用电合同中对于采用全部上网方式

消纳发电量的，以并网点计量装置的抄录示数为依据计算上网电量。采用自发自用、余电上网方式消纳发电量的，以产权分界点计量装置的抄录示数为依据分别计算上、下网电量。

304. B类分布式光伏发用电合同中对于未分别计量的用电量如何认定？

答： 在B类分布式光伏发用电合同中如果计量装置计量的电量包含多种电价类别的电量，对某一电价类别的用电量，每月应按照哪种方式应由双方在合同中确定，计量方式一般由两种，一种为电量定比，单位是%，另一种为电量定量，单位是kWh。对于双方确定的计量方式及核定值双方每年至少可以提出重新核定一次，对方不得拒绝。

305. B类分布式光伏发用电合同中对计量点设置及计量方式有何要求？

答： 在B类分布式光伏发用电合同中首先要确定计量点数量，再对计量点进行编号。合同中应写明计量装置装设的具体位置、计量方式，计量装置记录的数据作为乙方用电量的计量依据也应在合同中注明。

306. 在B类分布式光伏发用电合同中如果电能计量装置安装位置与产权分界点不一致时，损耗承担有何规定？

答： 在B类分布式光伏发用电合同中如果电能计量装置安装位置与产权分界点不一致时，出现的有功损耗和无功损耗应由产权所有人负担。变压器损耗与线路损耗应在合同中分别写明计算规定，损耗的电量按各分类电量占抄见总电量的比例分摊。

307. 在B类分布式光伏发用电合同中的电量的抄录有何规定？

答： 在B类分布式光伏发用电合同中要明确抄表周期、抄表例日，如果甲方抄表例日有所变动，甲方应提前一个抄表周期告知乙方。抄表方式如人工抄录方式或电能信息采集装置自动抄录方式等也要在合同中写明。

308. 在B类分布式光伏发用电合同中的电量结算依据是什么？

答：在B类分布式光伏发用电合同中应明确双方以抄录数据作为电费的结算依据。若以电能信息采集装置自动抄录的数据作为电费结算依据的，如果装置发生故障时，以甲方人工抄录数据作为结算依据。

309. 在B类分布式光伏发用电合同中购、售电费的计算依据是什么？

答：在B类分布式光伏发用电合同中按照上网电量、用网电量和国家规定的上网电价、销售电价分别计算购、售电费。

310. 在B类分布式光伏发用电合同中对于无功用电量如何计算？

答：在B类分布式光伏发用电合同中乙方的无功用电量为正反向无功电量绝对值的总量。

311. 在B类分布式光伏发用电合同中对于计量失准应如何处理？

答：如果一方认为电能计量装置失准，有权提出校验请求，对方不得拒绝。校验应由有资质的计量检定机构实施。如校验结论为合格，检测费用由提出请求方承担；如不合格，由表计提供方承担，但能证明因对方使用、管理不善的除外。在申请验表期间，电费仍应按期支付，验表结果确认后，再行退补电费。

312. 在B类分布式光伏发用电合同中对于互感器误差超出允许范围的，应如何进行电费退补？

答：在B类分布式光伏发用电合同中对于互感器误差超出允许范围的，应以“0”误差为基准，按验证后的误差值确定退补电量。退补时间从上次校验或换装后投入之日起至误差更正之日止的1/2时间计算。发生此类情形，电费在退补期间，双方要先按抄见电量如期支付电费，误差确定后，再行退补。

313. 在B类分布式光伏发用电合同中对于电能表误差超出允许范围的，应如何进行电费退补?

答：在B类分布式光伏发用电合同中对于电能表误差超出允许范围的，应以“0”误差为基准，按验证后的误差值确定退补电量。退补时间从上次校验或换装后投入之日起至误差更正之日止的1/2时间计算。发生此类情形，电费在退补期间，双方要先按抄见电量如期支付电费，误差确定后，再行退补。

314. 在B类分布式光伏发用电合同中对于计量回路连接线的电压降超出允许范围的，应如何进行电费退补?

答：在B类分布式光伏发用电合同中对于计量回路连接线的电压降超出允许范围的，要以允许电压降为基准，按验证后实际值与允许值之差确定补收电量。补收时间从连接线投入或负荷增加之日起至电压降更正之日止。发生此类情形，电费在退补期间，双方要先按抄见电量如期支付电费，误差确定后，再行退补。

315. 在B类分布式光伏发用电合同中对于非人为原因致使计量记录不准的，应如何进行电费退补?

答：在B类分布式光伏发用电合同中对于非人为原因致使计量记录不准的，应以正常月份电量为基准，退补电量，退补时间按抄表记录确定。发生此类情形，电费在退补期间，双方要先按抄见电量如期支付电费，误差确定后，再行退补。

316. 在B类分布式光伏发用电合同中对于计费计量装置接线错误的，应如何进行电费退补?

答：在B类分布式光伏发用电合同中对于计费计量装置接线错误的，应以其实际记录的电量为基数，按正确与错误接线的差额率退补电量，退补时间从上次校验或换装投入之日起至接线错误更正之日止。若发生此种情形，退补电量未正式确定前，双方先按正常月电量支付电费。

317. 在B类分布式光伏发用电合同中对于电压互感器熔断器熔断的，应如何进行电费退补?

答: 在B类分布式光伏发用电合同中对于电压互感器熔断器熔断的，应按规定计算方法计算值补收相应电量的电费；无法计算的，以正常月份电量为基准，按正常月与故障月的差额补收相应电量的电费，补收时间按抄表记录或按失压自动记录仪记录确定。若发生此种情形，退补电量未正式确定前，双方先按正常月电量支付电费。

318. 在B类分布式光伏发用电合同中对于计算电量的计费倍率与实际不符的，应如何进行电费退补?

答: 计算电量的计费倍率与实际不符的，以实际倍率为基准，按正确与错误倍率的差值退补电量，退补时间以抄表记录为准确定。若发生此种情形，退补电量未正式确定前，双方先按正常月电量支付电费。

319. 在B类分布式光伏发用电合同中对于计算电量的铭牌倍率与实际不符的，应如何进行电费退补?

答: 计算电量的铭牌倍率与实际不符的，以实际倍率为基准，按正确与错误倍率的差值退补电量，退补时间以抄表记录为准确定。若发生此种情形，退补电量未正式确定前，双方先按正常月电量支付电费。

320. 在B类分布式光伏发用电合同中对于主、副电能表所计电量有差值的，应如何处理?

答: 主、副电能表所计电量之差与主表所计电量的相对误差小于电能表准确等级值的1.5倍时，以主电能表所计电量作为贸易结算的电量。主、副电能表所计电量之差与主表所计电量的相对误差大于电能表准确等级值的 1.5 倍时，对主、副电能表进行现场校验，主电能表不超差，以其所计电量为准；主电能表超差而副电能表不超差，以副电能表所计电量为准；主、副电能表均超差，以主电能表的误差计算退补电量，并及时更换超差表计。

321. 在 B 类分布式光伏发用电合同中对于出现的计量争议以什么为依据?

答：在 B 类分布式光伏发用电合同中要写明以抄表记录和失压、断流自动记录、电能信息采集等装置记录的数据作为双方处理有关计量争议的依据。

322. 在 B 类分布式光伏发用电合同中对于电价应明确哪些内容?

答：在 B 类分布式光伏发用电合同中对于电价应明确：双方根据电能计量装置的记录和政府主管部门批准的电价（包括国家规定的随电价征收的有关费用），定期结算电费。在合同有效期内，如发生电价和其他收费项目费率调整，按政府有关电价调整文件执行。

323. 在 B 类分布式光伏发用电合同中提及的乙方用网电费包括哪些内容?

答：在 B 类分布式光伏发用电合同中提及的乙方用网电费包括电度电费、基本电费和功率因数调整电费。

324. 何谓电度电费?

答：电度电费是按照乙方各用电类别结算电量乘以对应的电度电价。

325. 在 B 类分布式光伏发用电合同中乙方基本电费应如何明确?

答：在 B 类分布式光伏发用电合同中要明确乙方的基本电费

选择哪种方式计算，在合同中要写明是按照变压器容量还是按照最大需量方式计算，如果按变压器容量计收基本电费的，在合同中要写明基本电费计算容量（含不通过变压器供电的高压电动机）。在合同中还要写明一个日历年为一个选择周期。

326. 在 B 类分布式光伏发用电合同中，按最大需量计算电费的应如何写明？

答：在 B 类分布式光伏发用电合同中，对于按最大需量计算的，应按照双方协议确定最大需量核定值，该数值不得低于乙方运行受电变压器总容量（含不通过变压器供电的高压电动机）的 40%，并不得高于其供电总容量（两路及以上进线的用户应分别确定最大需量值）。实际最大需量在核定值的 105%及以下的，按核定值计算；实际最大需量超过核定值 105%的，超过部分的基本电费加一倍收取。乙方可根据用电需求情况，提前半月申请变更下月的合同最大需量，但前后两次变更申请的间隔不得少于 6 个月。

327. 在 B 类分布式光伏发用电合同中，基本电费如何收取？

答：在 B 类分布式光伏发用电合同中，基本电费应按月计收，对新装、增容、变更和终止用电当月基本电费按实际用电天数计收，不足 24h 的按 1 天计算，每日按全月基本电费的 1/30 计算。事故停电、检修停电、计划限电不扣减基本电费。

328. 在 B 类分布式光伏发用电合同中，功率因数调整电费收取依据是什么？

答：在 B 类分布式光伏发用电合同中，功率因数调整电费收取依据是国家《功率因数调整电费办法》。

329. 在 B 类分布式光伏发用电合同中，乙方的上网电费收取标准如何计算？

答：在 B 类分布式光伏发用电合同中，乙方的上网电费收取计算如下：上网电费＝上网电量×对应的上网电价（含税）。

330. 在B类分布式光伏发用电合同中，甲方有哪些义务？

答：在B类分布式光伏发用电合同中，甲方的义务有信息提供、信息保密、事故抢修、禁止行为、不越界操作、中止供电程序、连续供电、电量收购、保证电能质量等。

331. 在B类分布式光伏发用电合同中，甲方在电能质量方面有哪些义务？

答：在B类分布式光伏发用电合同中，甲方在电能质量方面应写明，在电力系统处于正常运行状况下，供到乙方受电点的电能质量应符合国家规定标准。

332. 在B类分布式光伏发用电合同中，甲方在电量收购方面有哪些义务？

答：在B类分布式光伏发用电合同中，甲方在电量收购方面应按照合同的约定购买乙方的上网电量，并按约定支付上网电费。除因不可抗力或者有危及电网安全稳定的情形外，不应限制购买乙方上网电量。

333. 在B类分布式光伏发用电合同中，应写明发生哪种情形之一，甲方可按有关法律、法规和规章规定的程序中止供电？

答：在B类分布式光伏发用电合同中，甲方应写明在供电系统正常情况下，甲方连续向乙方供电。发生如下情形之一的，甲方可按有关法律、法规和规章规定的程序中止供电：

（1）供电设施计划检修或临时检修。

（2）危害供用电安全，扰乱供用电秩序，拒绝检查的。

（3）乙方逾期未交电费，经甲方催交仍未交付的。

（4）受电装置经检验不合格，在指定期间未改善的。

（5）乙方注入电网的谐波电流超过标准，以及冲击负荷、非对称负荷等对电网电能质量产生干扰和妨碍，严重影响、威胁电网安全，拒不按期采取有效措施进行治理改善的。

(6) 拒不在限期内拆除私增用电容量的。

(7) 拒不在限期内交付违约用电引起的费用的。

(8) 违反安全用电有关规定，拒不改正的。

(9) 发生不可抗力或紧急避险的。

(10) 乙方在甲方的供电设施上擅自接线用电。

(11) 乙方绕越甲方用电计量装置用电。

(12) 乙方伪造或者开启甲方加封的用电计量装置封印用电。

(13) 乙方损坏甲方用电计量装置。

(14) 乙方使甲方用电计量装置失准或者失效。

(15) 乙方采取其他方法导致不计量或少计量。

334. 在 B 类分布式光伏发用电合同中，甲方对于中止供电应履行什么程序？

答： 在 B 类分布式光伏发用电合同中，甲方供电设施计划检修需要中止供电的，提前 7 天通知乙方或进行公告。如果甲方供电设施临时检修需要中止供电的，应提前 24h 通知乙方。除计划检修或临时检修中止供电情形外，需对乙方中止供电时，甲方除需履行有关法规、规章规定的报批程序外，还要按如下程序进行：

(1) 停电前 3～7 天内，将停电通知书送达乙方，对乙方的停电，同时将停电通知书报送同级电力管理部门。

(2) 停电前 30min，将停电时间再通知乙方一次。

335. 在 B 类分布式光伏发用电合同中，应写明发生哪种情况，甲方可当即中止供电？

答： 在 B 类分布式光伏发用电合同中，当发生以下情形之一的，甲方可当即中止供电：

(1) 发生不可抗力或紧急避险。

(2) 在甲方的供电设施上擅自接线用电。

(3) 绕越甲方用电计量装置用电。

(4) 伪造或者开启甲方加封的用电计量装置封印用电。

（5）损坏甲方用电计量装置。

（6）使甲方用电计量装置失准或者失效。

（7）采取其他方法导致不计量或少计量。

336. 在B类分布式光伏发用电合同中，中止供电后应在几日内恢复供电？

答：引起中止供电或限电的原因消除后，应在3日内恢复供电。不能在3日内恢复供电的，应向乙方说明原因。

337. 在B类分布式光伏发用电合同中，对越界操作是如何规定的？

答：在B类分布式光伏发用电合同中应写明甲方不得擅自操作乙方产权范围内的电力设施，但当遇到可能危及电网和用电安全、可能造成人身伤亡或重大设备损坏、甲方依法或依合同约定实施停电情况时，甲方可以实施越界操作。甲方应遵循合理、善意的原则，并及时告知乙方，最大限度地减少损失发生。

338. 在B类分布式光伏发用电合同中，甲方禁止行为有哪些？

答：在B类分布式光伏发用电合同中，必须明确写明禁止甲方故意使电能计量装置计量错误，随电费收取其他不合理费用的行为。

339. 在B类分布式光伏发用电合同中，甲方在事故抢修方面如何规定？

答：因自然灾害等原因断电的，应按国家有关规定及时对产权所属的供电设施进行抢修。

340. 在B类分布式光伏发用电合同中，需明确甲方哪些信息提供内容？

答：在B类分布式光伏发用电合同中，甲方信息提供内容是：

（1）为乙方交费和查询提供方便；

（2）免费为乙方提供电能表示数信息；

（3）免费为乙方提供负荷信息；

（4）免费为乙方提供电量信息；

（5）免费为乙方提供电费等信息；

（6）及时公布电价调整信息。

341. 在B类分布式光伏发用电合同中，甲方对保密乙方信息有哪些要求？

答：在B类分布式光伏发用电合同中，应写明对确因供电需要而掌握的乙方商业秘密，不得公开或泄露。乙方需要保守的商业秘密范围由其另行书面向甲方提出，经双方协商确定。

342. 在B类分布式光伏发用电合同中，乙方有哪些义务？

答：在B类分布式光伏发用电合同中，乙方的义务有保证电能质量、交付电费、采取保安措施、发用电设施合格、发用电设施及自备应急电源管理、保护整定与配合、无功补偿保证、电能质量共担、有关事项的通知、配合事项、禁止行为、信息保密、不越界操作、不得在用电中实施不当行为、减少损失等。

343. 在B类分布式光伏发用电合同中，对乙方电能质量有何要求？

答：在电力系统处于正常运行状况下，乙方供到甲方电网的电能质量应符合国家规定标准。乙方应采取积极有效的技术措施对影响电能质量的因素实施有效治理，确保将其控制在国家规定电能质量指标限值范围内。当乙方行为影响电网供电质量、威胁电网安全时，甲方有权要求乙方限期整改，并在必要时采取有效措施解除对电网安全的上述威胁，乙方应给予充分必要的配合。

344. 在B类分布式光伏发用电合同中，对乙方电费交付有何要求？

答：乙方应按照B类分布式光伏发用电合同约定方式、期限及时交付电费。

345. 在B类分布式光伏发用电合同中，对乙方发用电设施安全运行有何要求？

答：乙方保证发用电设施及多路电源的联络、闭锁装置始终处于合格、安全状态，并按照国家或电力行业电气运行规程定期进行安全检查和预防性试验，及时消除安全隐患。乙方电气运行维护人员应持有电力监管部门颁发的《电工进网作业许可证》，方可上岗作业。乙方应对发用电设施进行维护、管理，并负责保护甲方安装在乙方处的电能计量与电能信息采集等装置安全、完好，如有异常，应及时通知甲方。

346. 在B类分布式光伏发用电合同中，对乙方自备应急电源管理有何要求？

答：乙方应自备电源作为保安负荷的应急电源，配置容量应达到保安负荷的120%，乙方在使用自备应急电源过程中应避免如下情况：

（1）自行变更自备应急电源接线方式。

（2）自行拆除自备应急电源的闭锁装置或使其失效。

（3）其他可能发生自备应急电源向电网倒送电的。

347. 在B类分布式光伏发用电合同中，对乙方继电保护有何要求？

答：乙方发用电设施的保护方式应当与甲方电网的保护方式相互配合，并按照电力行业有关标准或规程进行整定和检验，乙方不得擅自变动保护方式和定值。

348. 在B类分布式光伏发用电合同中，当发生哪种情况时乙方应及时通知甲方？

答：在B类分布式光伏发用电合同中，当发生下列情况时乙方应及时通知甲方：

（1）乙方发生重大安全事故。

（2）电能质量存在异常。

（3）电能计量装置计量异常、失压断流记录装置的记录结果发生改变、电能信息采集装置运行异常。

（4）乙方拟对发用电设施进行改造或扩建、用电负荷发生重大变化、重要受电设施检修安排以及发用电设施运行异常。

（5）乙方拟作资产抵押、重组、转让、经营方式调整、名称变化、发生重大诉讼、仲裁等，可能对 B 类分布式光伏发用电合同履行产生重大影响的。

（6）乙方其他可能对 B 类分布式光伏发用电合同履行产生重大影响的情况。

349. 在 B 类分布式光伏发用电合同中，乙方配合甲方的事项有哪些？

答： 在 B 类分布式光伏发用电合同中，乙方配合甲方的事项如下：

（1）乙方应配合做好需求侧管理，落实国家能源方针政策。

（2）甲方依法进行用电检查，乙方应提供必要方便，并根据检查需要，向甲方提供相应真实资料。

（3）甲方依 B 类分布式光伏发用电合同实施停、限电时，乙方应及时减少、调整或停止用电。

（4）电能计量装置的安装、移动、更换、校验、拆除、加封、启封由甲方负责，乙方应提供必要的方便和配合；安装在乙方处的电能计量装置由乙方妥善保护，如有异常，应及时通知甲方。

350. 在 B 类分布式光伏发用电合同中，乙方的禁止行为有哪些？

答： 在 B 类分布式光伏发用电合同中，要明确禁止乙方的如下行为：

（1）故意使电能计量装置计量错误。

（2）未经国家有关部门批准，向其他用户供电。

351. 在B类分布式光伏发用电合同中，对甲方的信息保密，乙方应注意什么?

答：在B类分布式光伏发用电合同中，对确因发电需要而掌握的甲方商业秘密，乙方不得公开或泄露。甲方需要保守的商业秘密范围由其另行书面向乙方提出，经双方协商确定。

352. 在B类分布式光伏发用电合同中，对乙方的越界操作有何规定?

答：在B类分布式光伏发用电合同中，乙方不得擅自操作甲方产权范围内的电力设施，但遇到可能危及电网、可能危及用电安全、可能造成人身伤亡或重大设备损坏情形除外。

353. 在B类分布式光伏发用电合同中，应明确乙方在用电中不得实施的行为有哪些?

答：在B类分布式光伏发用电合同中，乙方在用电中不得实施的行为有：

（1）在电价低的供电线路上，擅自接用电价高的用电设备或私自改变用电类别。

（2）私自超过合同约定容量用电。

（3）擅自使用已在甲方处办理暂停手续的电力设备或启用已封存电力设备。

（4）私自迁移、更动和擅自操作甲方的用电计量装置。

（5）擅自引入（供出）电源或将自备应急电源和其他电源并网。

（6）在甲方的供电设施上，擅自接线用电。

（7）绕越甲方用电计量装置用电。

（8）伪造或者开启甲方加封的用电计量装置封印用电。

（9）损坏甲方用电计量装置。

（10）使甲方用电计量装置失准或者失效。

（11）采取其他方法导致不计量或少计量。

354. 在B类分布式光伏发用电合同履行中发生哪些情况合同可以变更？

答：在B类分布式光伏发用电合同履行中发生下列情况合同可以变更：

（1）当事人名称变更。

（2）供电方式、并网方式改变。

（3）增加或减少受电点、并网点、计量点。

（4）增加或减少发用电容量。

（5）电费计算方式变更。

（6）乙方对供电质量提出特别要求。

（7）产权分界点调整。

（8）违约责任调整。

（9）由于供电能力变化或国家对电力供应与使用管理的政策调整，使订立合同时的依据被修改或取消。

（10）其他需要变更合同的情形。

355. B类分布式光伏发用电合同变更程序是什么？

答：B类分布式光伏发用电合同如需变更，应按以下程序进行：

（1）甲、乙双方其中一方提出合同变更请求，必须经双方协商达成一致。

（2）甲、乙双方签订《合同事项变更确认书》。

356. 在B类分布式光伏发用电合同中，合同转让有何要求？

答：在B类分布式光伏发用电合同中，应写明未经对方同意，任何一方不得将B类分布式光伏发用电合同下的义务转让给第三方。

357. 遇到什么情况，B类分布式光伏发用电合同终止，不影响合同既有债权、债务的处理？

答：合同履行中出现如下情况时，合同终止，不影响合同既有债权、债务的处理。

（1）乙方主体资格丧失或依法宣告破产。

（2）甲方主体资格丧失或依法宣告破产。

（3）合同依法或依协议解除。

（4）合同有效期届满，双方未就合同继续履行达成有效协议。

358. 在B类分布式光伏发用电合同中，遇有什么情况可以解除合同?

答：在B类分布式光伏发用电合同中，遇到双方协商解除合同和合同一方依法行使合同解除权时可以解除合同。

359. 合同解除，在B类分布式光伏发用电合同中有何要求?

答：（1）双方协议解除合同的，应达成书面解除协议，合同效力因解除协议生效而终止。

（2）乙方行使合同解除权，应在合同中明确写明提前几天书面通知甲方，甲方实施停电后合同解除。

（3）甲方行使合同解除权，应在合同中明确写明提前几天书面通知乙方，甲方实施停电后合同解除。

360. 在B类分布式光伏发用电合同中，甲方的违约责任有哪些?

答：（1）如果甲方违反B类分布式光伏发用电合同约定，应当按照国家、电力行业标准或B类分布式光伏发用电合同约定予以改正，改正后继续履行合同。

（2）甲方违反B类分布式光伏发用合同中的电能质量义务给乙方造成损失的，应赔偿乙方实际损失，最高赔偿限额是乙方在电能质量不合格的时间段内实际用电量和对应时段的平均电价乘积的20%。

（3）甲方违反B类分布式光伏发用合同约定中止供电给乙方造成损失的，应赔偿乙方实际损失，最高赔偿限额是乙方在中止供电时间内可能用电量电度电费的5倍。B类分布式光伏发用合同中的可能用电量是按照停电前乙方在上月与停电时间对等的同一时间段的平均用电量乘以停电小时求得。

（4）甲方未履行抢修义务而导致乙方损失扩大的，对扩大损失部分参照中止供电给乙方造成损失的原则给予赔偿。

（5）甲方故意使电能计量装置计量错误，造成乙方损失的，甲方应退还乙方多承担的用网电费或增补乙方少收取的上网电费。

（6）甲方随电费收取其他不合理的费用，造成乙方损失的，应退还乙方有关费用。

（7）甲方未按约定时限支付乙方上网电量电费，应在合同中写明自逾期之日起，每日按照缓付部分的百分之几支付违约金也应填写在合同中。

361. 在B类分布式光伏发用电合同中，遇到那些情形之一的，甲方不承担违约责任？

答：（1）符合B类分布式光伏发用电合同连续供电的除外情形且甲方履行了必经程序。

（2）电力运行事故引起断路器（开关）跳闸，经自动重合闸装置重合成功。

（3）多电源供电只停其中一路，其他电源仍可满足乙方用电需要的。

（4）乙方未按合同约定安装自备应急电源或采取非电保安措施，或者对自备应急电源和非电保安措施维护管理不当，导致损失扩大部分。

（5）因乙方或第三方的过错行为所导致。

362. 在B类分布式光伏发用电合同中，乙方的违约责任有哪些？

答：（1）乙方违反B类分布式光伏发用电合同约定义务，应当按照国家、电力行业标准或B类分布式光伏发用电合同约定予以改正，改正后可继续履行B类分布式光伏发用电合同。

（2）乙方电能质量达不到国家标准的，应在甲方规定的时间内进行技术改造达到国家标准，否则甲方有权中止上网或网供电力。

（3）由于乙方原因造成甲方对外供电停止或减少的，应当按甲方少供电量乘以上月份平均售电单价给予赔偿；其中，少供电量为停电时间上月份每小时平均供电量乘以停电小时，停电时间不足1h的按1h计算，超过1h的按实际停电时间计算。

（4）因乙方过错给甲方或者其他用户造成财产损失的，乙方应当依法承担赔偿责任。

（5）乙方故意使电能计量装置计量错误，造成甲方损失的，退还多收取的上网电费。

363. 在B类分布式光伏发用电合同中，乙方有哪些违约行为的还应按合同约定向甲方支付违约金？

答：（1）乙方违反B类分布式光伏发用电合同约定逾期交付电费，当年欠费部分的每日按欠交额的0.2%、跨年度欠费部分的每日按欠交额的0.3%计付。

（2）乙方擅自改变用电类别或在电价低的供电线路上，擅自接用电价高的用电设备的，按差额电费的两倍计付违约金，差额电费按实际违约使用日期计算；违约使用起讫日难以确定的，按3个月计算。

（3）擅自超过B类分布式光伏发用电合同约定容量用电的，属于两部制电价的用户，按3倍私增容量基本电费计付违约金；属单一制电价的用户，按擅自使用或启封设备容量每kW（kVA）50元支付违约金。

（4）擅自使用已经办理暂停使用手续的电力设备，或启用已被封停的电力设备的，属于两部制电价的用户，按基本电费差额的两倍计付违约金；如属单一制电价的，按擅自使用或启封设备容量每次每kW（kVA）30元支付违约金；启用私自增容被封存的设备，还应按第（2）条支付违约金。

（5）擅自迁移、更动或操作用电计量装置、电力负荷管理装置、擅自操作供电企业的供电设施以及约定由甲方调度的受电设备的，按每次5000元计付违约金。

(6) 擅自引入、供出电源或者将自备电源和其他电源私自并网的，按引入、供出或并网电源容量的每 kV（kVA）500 元计付违约金。

(7) 擅自在甲方供电设施上接线用电、绕越用电计量装置用电、伪造或开启已加封的用电计量装置用电，损坏用电计量装置、使用电计量装置不准或失效的，按补交电费的 3 倍计付违约金。少计电量时间无法查明时，按 180 天计算。日使用时间按小时计算，其中，电力用户每日按 12h 计算，照明用户每日按 6h 计算。

364. 在 B 类分布式光伏发用电合同中，发生何种原因，乙方的违约责任可以免除？

答：(1) 不可抗力。

(2) 法律、法规及规章规定的免责情形。

365. 在 B 类分布式光伏发用电合同中，合同效力有何规定？

答：B 类分布式光伏发用电合同经双方签署并加盖公章或合同专用章后成立。在合同中要写明合同有效期、起始时间与终止时间。合同有效期届满，双方均未对合同履行提出书面异议，合同效力按 B 类分布式光伏发用电合同有效期重复继续维持。如果合同一方提出异议的，应在合同有效期届满的 15 天前提出。当一方提出异议，经协商后双方达成一致，可重新签订发用电合同。在合同有效期届满后续签的书面合同签订前，B 类分布式光伏发用电合同继续有效。如果一方提出异议，经协商后不能达成一致的，在双方对发用电事宜达成新的书面协议前，B 类分布式光伏发用电合同继续有效。

366. 在执行 B 类分布式光伏发用电合同中，甲、乙双方发生争议如何解决？

答：(1) 甲、乙双方发生争议时，应首先通过友好协商解决。协商不成的，可采取提请行政主管机关调解、向仲裁机构申请仲裁或者向有管辖权法院提起诉讼等方式予以解决。调解程序并非仲裁、诉讼的必经程序。

（2）若争议经协商和（或）调解仍无法解决的，甲、乙双方应在合同中要明确写明处理方式。处理方式有仲裁和诉讼两种。在合同中要填写仲裁提交给谁，在合同中要明确写明申请仲裁时该仲裁机构按照有效的仲裁规则进行仲裁。仲裁裁决对双方均有约束力。在合同中要填写诉讼向哪个所在地人民法院提起诉讼。

（3）在争议解决期间，合同中未涉及争议部分的条款仍须履行。

367. B类分布式光伏发用电合同中规定发出的通知有几种方式？

答：有以下三种方式：

（1）通过邮寄方式发送的，邮寄到相应地址之日为有效送达日。

（2）通过电子邮件形式发送的，由收件人收到之日为有效送达日。

（3）通过传真形式发送的，发出并收到发送成功确认函之日为有效送达日。

368. B类分布式光伏发用电合同中规定发出的通知有何要求？

答：如果按照三种方式确定的有效送达日在收件人所在地不属于工作日的，则当地收讫日后的第一个工作日为该通知或同意的有效送达日。任何一方均应按B类分布式光伏发用电合同约定，向另一方发出通知，变更其接收地址、电子邮箱或传真号码。甲、乙双方接收的所有通知及同意的地址、传真号码和电子邮箱地址应填写在合同中。根据B类分布式光伏发用电合同规定发出的所有通知及同意，应按照合同中填写的地址、电子邮箱或传真号码送达相关方。

369. B类分布式光伏发用电合同签订分数有何要求？

答：B类分布式光伏发用电合同应有正本和副本两种，正本合同至少要一式两份，甲方持一份，乙方持一份。副本合同也至少要一式两份，甲方持一份，乙方持一份。

370. B 类分布式光伏发用电合同附件有哪些内容？

答： B类分布式光伏发用电合同附件包括术语定义、甲乙双方接线及产权分界示意图、电费结算协议、合同事项变更确认书等。

371. B 类分布式光伏发用电合同特别约定有何要求？

答： B类分布式光伏发用电合同中的特别约定是对合同其他条款的修改或补充，如有不一致，以特别约定为准。

372. 在 B 类分布式光伏发用电合同中，如果乙方是政府机关、医疗、交通、通信、工矿企业的有何要求？

答： 在B类分布式光伏发用电合同中，乙方为政府机关、医疗、交通、通信、工矿企业，以及选择“重要负荷”“连续性负荷”的，应当选择配备自备应急电源，并采取有效的非电保安措施，以保证发用电安全。

373. B 类分布式光伏发用电合同签订基础是什么？

答： 甲、乙双方是在完全清楚、自愿的基础上签订B类分布式光伏发用电合同。

第三节　C 类分布式光伏发用电合同

374. C 类分布式光伏发用电合同中对“发用电地址”有何要求？

答： C类分布式光伏发用电合同中对发用电地址的要求是乙方发电与用电项目位于同一地址。

375. C 类分布式光伏发用电合同中的“用电性质”包括哪些内容？

答： C类分布式光伏发用电合同中的“用电性质”包括行业分

类、用电分类。

376. C 类分布式光伏发用电合同中的“用电容量”是指什么?

答: C 类分布式光伏发用电合同中的“用电容量”是指乙方申请、并经甲方核准使用电力的最大功率或视在功率。

377. C 类分布式光伏发用电合同中的“受电点”是指什么?

答: C 类分布式光伏发用电合同中的“受电点”是指乙方受电装置所处的位置。为接受供电网供给的电力,并能对电力进行有效变换、分配和控制的电气设备,如低压用户的一次变电站(所)或变压器台、开关站,低压用户的配电室、配电屏等,都可称为乙方的受电装置。

378. C 类分布式光伏发用电合同中的“保安负荷”是指什么?

答: C 类分布式光伏发用电合同中的“保安负荷”是指重要电力用户用电设备中需要保证连续供电和不发生事故,具有特殊的用电时间、使用场合、目的和允许停电的时间的重要电力负荷。

379. C 类分布式光伏发用电合同中的“电能质量”是指什么?

答: C 类分布式光伏发用电合同中的“电能质量”是指供电电压、频率和波形。

380. C 类分布式光伏发用电合同中的“计量方式”是指什么?

答: C 类分布式光伏发用电合同中的“计量方式”是指计量电能的方式,一般分为高压侧计量和低压侧计量以及高压侧加低压侧混合计量三种方式。

381. C 类分布式光伏发用电合同中的“计量点”是指什么?

答: C 类分布式光伏发用电合同中的“计量点”是指用于贸易结算的电能计量装置装设地点。

382. C类分布式光伏发用电合同中的“计量装置”包括哪些内容？

答：C类分布式光伏发用电合同中的“计量装置”包括电能表、互感器、二次连接线、端子牌及计量箱柜。

383. C类分布式光伏发用电合同中的“冷备用”是指什么？

答：需经甲方许可或启封，经操作后可接入电网的设备，在C类分布式光伏发用电合同中视为冷备用。

384. C类分布式光伏发用电合同中的“热备用”是指什么？

答：不需经甲方许可，一经操作即可接入电网的设备，在C类分布式光伏发用电合同中视为热备用。

385. C类分布式光伏发用电合同中的“谐波源负荷”是指什么？

答：C类分布式光伏发用电合同中的“谐波源负荷”是指乙方向公共电网注入谐波电流或在公共电网中产生谐波电压的电气设备。

386. C类分布式光伏发用电合同中的“冲击负荷”是指什么？

答：C类分布式光伏发用电合同中的“冲击负荷”是指乙方用电过程中周期性或非周期性地从电网中取用快速变动功率的负荷。

387. C类分布式光伏发用电合同中的“非对称负荷”是指什么？

答：C类分布式光伏发用电合同中的“非对称负荷”是指因三相负荷不平衡引起电力系统公共连接点正常三相电压补平衡度发生变化的负荷。

388. C类分布式光伏发用电合同中的“自动重合闸装置重合

成功”是指什么？

答： C类分布式光伏发用电合同中的“自动重合闸装置重合成功”是指供电线路事故跳闸时，电网自动重合闸装置在整定时间内自动合闸成功；或自动重合装置不动作及未安装自动重合装置时，在运行规程规定的时间内一次强送成功的。

389. C类分布式光伏发用电合同中的“倍率”是指什么？

答： C类分布式光伏发用电合同中的“倍率”是指间接式计量电能表所配电流互感器、电压互感器变比及电能表自身倍率的乘积。

390. C类分布式光伏发用电合同中的“线损”是指什么？

答： C类分布式光伏发用电合同中的“线损”是指线路在传输电能时所发生的有功损耗、无功损耗。

391. C类分布式光伏发用电合同中的“变损”是指什么？

答： C类分布式光伏发用电合同中的“变损”是指变压器在运行过程中所产生的有功损耗和无功损耗。

392. C类分布式光伏发用电合同中的“无功补偿”是指什么？

答： C类分布式光伏发用电合同中的“无功补偿”是指为提高功率因数、减少损耗、提高用户侧电压合格率而采取的技术措施。

393. C类分布式光伏发用电合同中的“计划检修”是指什么？

答： C类分布式光伏发用电合同中的“计划检修”是指按照年度、月度检修计划实施的设备检修。

394. C类分布式光伏发用电合同中的“临时检修”是指什么？

答： C类分布式光伏发用电合同中的“临时检修”是指供电设备出现故障或需要临时改造等原因引起的非计划、临时性停电（检修）。

395. C 类分布式光伏发用电合同中的“紧急避险”是指什么？

答： C 类分布式光伏发用电合同中的“紧急避险”是指电网发生事故或者发电、供电设备发生重大事故；电网频率或电压超出规定范围、输变电设备负载超过规定值、主干线路功率值超出规定的稳定限额以及其他威胁电网安全运行，有可能破坏电网稳定，导致电网瓦解以至大面积停电等运行情况时，甲方采取的避险措施。

396. C 类分布式光伏发用电合同中的“不可抗力”是指什么？

答： C 类分布式光伏发用电合同中的“不可抗力”是指不能预见、不能避免并不能克服的客观情况。包括火山爆发、龙卷风、海啸、暴风雪、泥石流、山体滑坡、水灾、火灾、来水达不到设计标准、超设计标准的地震、台风、雷电、雾闪以及核辐射、战争、瘟疫、骚乱等。

397. C 类分布式光伏发用电合同中的“逾期”是指什么？

答： C 类分布式光伏发用电合同中的“逾期”是指超过双方约定的交纳电费的截止日的第二天，不含截止日。

398. C 类分布式光伏发用电合同中的“受电设施”是指什么？

答： C 类分布式光伏发用电合同中的“受电设施”是指乙方用于接受供电企业供给的电能而建设的电气装置及相应的建筑物。

399. C 类分布式光伏发用电合同中的“国家标准”是指什么？

答： C 类分布式光伏发用电合同中的“国家标准”是指国家标准管理专门机关按法定程序颁发的标准。

400. C 类分布式光伏发用电合同中的“电力行业标准”是指什么？

答： C 类分布式光伏发用电合同中的“电力行业标准”是指国

务院电力管理部门依法制定颁发的标准。

401. C 类分布式光伏发用电合同中的“基本电价”是指什么？

答：C 类分布式光伏发用电合同中的“基本电价”是指按用户用电容量（或最大需量）计算电费的电价。

402. C 类分布式光伏发用电合同中的“电度电价”如何计算？

答：C 类分布式光伏发用电合同中的“电度电价”是指按用户用电量计算电费的电价。

403. C 类分布式光伏发用电合同中的“两部制电价”是如何构成？

答：C 类分布式光伏发用电合同中的“两部制电价”由基本电价和电度电价构成。

404. 何谓 C 类分布式光伏发用电合同中的“重要电力用户”？

答：C 类分布式光伏发用电合同中的“重要电力用户”是指在国家或者一个地区（城市）的社会、政治、经济生活中占有重要地位，对其中断供电将可能造成人身伤亡、较大环境污染、较大政治影响、较大经济损失、社会公共秩序严重混乱的用电单位或对供电可靠性有特殊要求的用电场所。

405. C 类分布式光伏发用电合同中的“分布式光伏发电项目”指的是哪些项目？

答：C 类分布式光伏发用电合同中的“分布式光伏发电项目”是指位于用户附近，所发电能就地利用，以 10kV 及以下电压等级接入电网，且单个并网点总装机容量不超过 6MW 的光伏发电项目。

406. C 类分布式光伏发用电合同中的“上网电量”指的是什么？

答：指乙方在计量关口点输送给甲方的电量，电量的计量单位为 kWh（千瓦时）。

407. C 类分布式光伏发用电合同中的“上网电价”指的是什么?

答: C 类分布式光伏发用电合同中的“上网电价”是指甲方购买乙方电量所执行的电价。

408. 何谓 C 类分布式光伏发用电合同中的“工作日”?

答: C 类分布式光伏发用电合同中的“工作日”是指除法定节假日以外的公历日。如约定电费支付日不是工作日，则电费支付日顺延至下一工作日。

409. C 类分布式光伏发用电合同中的“用电容量”应填写哪些内容?

答: C 类分布式光伏发用电合同中的“用电容量”要明确填写合同约定容量，合同约定容量为乙方最大用电容量。

410. C 类分布式光伏发用电合同中的“供电方式”应明确哪些内容?

答: C 类分布式光伏发用电合同中的“供电方式”应写明甲方向乙方提供 380V 还是 220V 交流 50Hz 电源，供电经哪台变压器向乙方供电。在合同中要写明变压器的名称编号及是否为公用变压器。

411. C 类分布式光伏发用电合同中对乙方自备应急电源有哪些要求?

答: 分布式光伏发电电源不能作为乙方的自备应急电源。因电网意外断电影响安全生产的，乙方应自行取电或非电保安措施。乙方若有保安负荷时，应自备应急电源，并装设可靠的闭锁装置，防止向电网倒送电。在合同中要写明乙方自备发电机功率、闭锁方式（应填写是机械闭锁、电气闭锁还是微机闭锁）、不间断电源

（UPS）功率。

412. C类分布式光伏发用电合同中对产权分界点及责任划分有何要求？

答： 在C类分布式光伏发用电合同中必须要明确甲、乙双方产权分界点。甲、乙双方产权分界点以文字和附图表述，以文字为准。分界点电网侧产权属于甲方，分界点用户侧产权属于乙方，双方各自承担其产权范围内发用电设施上发生事故等引起的法律责任。

413. C类分布式光伏发用电合同中对无功补偿及功率因数有何要求？

答： 在C类分布式光伏发用电合同中，要写明乙方无功补偿装置总容量，在合同中还要明确提出要求，当电网在高峰时段时功率因数应达到的最低值。

414. C类分布式光伏发用电合同中对光伏发电设备有何要求？

答： 在C类分布式光伏发用电合同中要对乙方拥有光伏项目明确其管理、运行和维护责任，要写明乙方拥有光伏项目发电容量。要对乙方拥有光伏发电量消纳模式做出选择，是自发自用余电上网还是全部上网模式。在合同中要明确乙方光伏项目与其内部电网连接的并网点数量，也要注明并网点的电压等级。对于通过线路接入开关站的并网点，要在合同中写明线路名称和电压等级，如果线路为T接线路，还要写明T接线路名称，写明开关站的名称编号和电压等级。

415. C类分布式光伏发用电合同中对计算电量有何要求？

答： 在C类分布式光伏发用电合同中对计算电量要求是，采用全部上网方式消纳发电量的，以并网点计量装置的抄录示数为依据计算上网电量。采用自发自用、余电上网方式消纳发电量的，以产权分界点计量装置的抄录示数为依据分别计算上、下网电量。

416. C类分布式光伏发用电合同中对于未分别计量的用电量如何认定？

答：在C类分布式光伏发用电合同中如果计量装置计量的电量包含多种电价类别的电量，对某一电价类别的用电量，每月应按照哪种方式应由双方在合同中确定，计量方式一般由两种，一种为电量定比，单位是%；另一种为电量定量，单位是 kWh。对于双方确定的计量方式及核定值双方每年至少可以提出重新核定一次，对方不得拒绝。

417. C类分布式光伏发用电合同中对计量点设置有何要求？

答：在C类分布式光伏发用电合同中首先要确定计量点数量，再对计量点进行编号。合同中应写明计量装置装设的具体位置，还要注明计量装置记录的数据作为乙方用电量的计量依据。

418. 在C类分布式光伏发用电合同中对电量的抄录有何规定？

答：在C类分布式光伏发用电合同中要明确抄表周期、抄表例日，如果甲方抄表例日有所变动，甲方应提前一个抄表周期告知乙方。抄表方式如人工抄录方式或电能信息采集装置自动抄录方式等也要在合同中写明。

419. 在C类分布式光伏发用电合同中的电量结算依据是什么？

答：在C类分布式光伏发用电合同中应明确双方以抄录数据作为电费的结算依据。若以电能信息采集装置自动抄录的数据作为电费结算依据的，如果装置发生故障时，以甲方人工抄录数据作为结算依据。

420. 在C类分布式光伏发用电合同中购、售电费的计算依据是什么？

答：在C类分布式光伏发用电合同中按照上网电量、用网电量和国家规定的上网电价、销售电价分别计算购、售电费。

421. 在C类分布式光伏发用电合同中对于无功用电量如何计算？

答：在C类分布式光伏发用电合同中乙方的无功用电量为正反向无功电量绝对值的总量。

422. 在C类分布式光伏发用电合同中对于计量失准，计费差额电量应如何确定？

答：互感器或电能表误差超出允许范围时，以“0”误差为基准，按验证后的误差值确定计费差额电量。超差时间从上次校验或换装后投运之日至误差更正之日的1/2时间计算。如果发生其他非人为因素导致计量记录不准时，以乙方上年度或正常月份用电量的平均值为基准，确定计费差额电量，计算退补电量的时间按导致失准时间至误差更正之日的差值确定。

423. 在C类分布式光伏发用电合同中对于计量失准如何处理？

答：一方认为电能计量装置失准，有权提出校验请求，对方不得拒绝。校验应由有资质的计量检定机构实施。如校验结论为合格，检测费用由提出请求方承担；如不合格，由表计提供方承担，但能证明因对方使用、管理不善的除外。

424. 在C类分布式光伏发用电合同中对于计费计量装置接线错误的，计费差额电量如何确定？

答：计费计量装置接线错误的，以其实际记录的电量为基数，按正确与错误接线的差额率退补电量，计算退补电量的时间从上次校验或换装投运之日至接线错误更正之日。

425. 在C类分布式光伏发用电合同中对于计算电量的计费倍率与实际倍率不符的，计费差额电量如何确定？

答：计算电量的计费倍率与实际倍率不符的，以实际倍率为基准，按正确与错误倍率的差值确定计费差额电量，计算退补电量的时间以发生时间为准确定。

426. 在C类分布式光伏发用电合同中对于电价应明确哪些内容?

答: 在C类分布式光伏发用电合同中对于电价应明确：双方根据电能计量装置的记录和政府主管部门批准的电价（包括国家规定的随电价征收的有关费用），定期结算电费。在合同有效期内，如发生电价和其他收费项目费率调整，按政府有关电价调整文件执行。

427. 在C类分布式光伏发用电合同中提及的乙方用网电费包括哪些内容?

答: 在C类分布式光伏发用电合同中提及的乙方用网电费包括电度电费、功率因数调整电费。

428. 何谓电度电费?

答: 电度电费是按照乙方各用电类别结算电量乘以对应的电度电价。

429. 在C类分布式光伏发用电合同中，功率因数调整电费收取依据是什么?

答: 在C类分布式光伏发用电合同中，功率因数调整电费收取依据是国家《功率因数调整电费办法》。

430. 在C类分布式光伏发用电合同中，乙方的上网电费收取标准如何计算?

答: 在C类分布式光伏发用电合同中，乙方的上网电费收取计算如下：上网电费＝上网电量×对应的上网电价（含税）。

431. 在C类分布式光伏发用电合同中，甲方有哪些义务?

答: 在C类分布式光伏发用电合同中，甲方的义务有信息提供、信息保密、事故抢修、禁止行为、不越界操作、中止供电程序、连续供电、电量收购、保证电能质量等。

432. 在C类分布式光伏发用电合同中，甲方在电能质量方面有哪些义务?

答：在C类分布式光伏发用电合同中，甲方在电能质量方面应写明，在电力系统处于正常运行状况下，供到乙方受电点的电能质量应符合国家规定标准。

433. 在C类分布式光伏发用电合同中，甲方在电量收购方面有哪些义务?

答：在C类分布式光伏发用电合同中，甲方在电量收购方面应按照合同的约定购买乙方的上网电量，并按约定支付上网电费。除因不可抗力或者有危及电网安全稳定的情形外，不应限制购买乙方上网电量。

434. 在C类分布式光伏发用电合同中，应写明发生哪种情形之一，甲方可按有关法律、法规和规章规定的程序中止供电?

答：在C类分布式光伏发用电合同中，甲方应写明在供电系统正常情况下，甲方连续向乙方供电。发生如下情形之一的，甲方可按有关法律、法规和规章规定的程序中止供电：

（1）供电设施计划检修或临时检修。

（2）危害供用电安全，扰乱供用电秩序，拒绝检查的。

（3）乙方逾期未交电费，经甲方催交仍未交付的。

（4）受电装置经检验不合格，在指定期间未改善的。

（5）乙方注入电网的谐波电流超过标准，以及冲击负荷、非对称负荷等对电网电能质量产生干扰和妨碍，严重影响、威胁电网安全，拒不按期采取有效措施进行治理改善的。

（6）拒不在限期内拆除私增用电容量的。

（7）拒不在限期内交付违约用电产生费用的。

（8）违反安全用电有关规定，拒不改正的。

(9) 发生不可抗力或紧急避险的。

(10) 乙方在甲方的供电设施上擅自接线用电。

(11) 乙方绕越甲方用电计量装置用电。

(12) 乙方伪造或者开启甲方加封的用电计量装置封印用电。

(13) 乙方损坏甲方用电计量装置。

(14) 乙方使甲方用电计量装置失准或者失效。

(15) 乙方采取其他方法导致不计量或少计量。

435. 在 C 类分布式光伏发用电合同中，甲方对于中止供电应履行什么程序？

答：在 C 类分布式光伏发用电合同中，甲方供电设施计划检修需要中止供电的，提前 7 天通知乙方或进行公告。如果甲方供电设施临时检修需要中止供电的，应提前 24h 通知乙方。除计划检修或临时检修中止供电情形外，需对乙方中止供电时，甲方除需履行有关法规、规章规定的报批程序外，还要按如下程序进行：

(1) 停电前 3～7 天内，将停电通知书送达乙方，对乙方的停电，同时将停电通知书报送同级电力管理部门。

(2) 停电前 30min，将停电时间再通知乙方一次。

436. 在 C 类分布式光伏发用电合同中，应写明发生哪种情况，甲方可当即中止供电？

答：在 C 类分布式光伏发用电合同中，当发生以下情形之一的，甲方可当即中止供电：

(1) 发生不可抗力或紧急避险。

(2) 在甲方的供电设施上擅自接线用电。

(3) 绕越甲方用电计量装置用电。

(4) 伪造或者开启甲方加封的用电计量装置封印用电。

(5) 损坏甲方用电计量装置。

(6) 使甲方用电计量装置失准或者失效。

(7) 采取其他方法导致不计量或少计量。

437. 在C类分布式光伏发用电合同中，中止供电后应在几日内恢复供电？

答：引起中止供电或限电的原因消除后，应在3日内恢复供电。不能在3日内恢复供电的，应向乙方说明原因。

438. 在C类分布式光伏发用电合同中，对越界操作是如何规定的？

答：在C类分布式光伏发用电合同中应写明甲方不得擅自操作乙方产权范围内的电力设施，但当遇到可能危及电网和用电安全、可能造成人身伤亡或重大设备损坏、甲方依法或依合同约定实施停电情况时，甲方可以实施越界操作。甲方应遵循合理、善意的原则，并及时告知乙方，最大限度地减少损失发生。

439. 在C类分布式光伏发用电合同中，甲方禁止行为有哪些？

答：在C类分布式光伏发用电合同中，必须明确写明禁止甲方故意使电能计量装置计量错误，随电费收取其他不合理费用的行为。

440. 在C类分布式光伏发用电合同中，甲方在事故抢修方面如何规定？

答：因自然灾害等原因断电的，应按国家有关规定及时对产权所属的供电设施进行抢修。

441. 在C类分布式光伏发用电合同中，需明确甲方哪些信息提供内容？

答：在C类分布式光伏发用电合同中，甲方信息提供内容是：

（1）为乙方交费和查询提供方便；

（2）免费为乙方提供电能表示数信息；

（3）免费为乙方提供负荷信息；

（4）免费为乙方提供电量信息；

（5）免费为乙方提供电费等信息；

（6）及时公布电价调整信息。

442. 在C类分布式光伏发用电合同中，甲方对保密乙方信息有哪些要求?

答：在C类分布式光伏发用电合同中，应写明对确因供电需要而掌握的乙方商业秘密，不得公开或泄露。乙方需要保守的商业秘密范围由其另行书面向甲方提出，经双方协商确定。

443. 在C类分布式光伏发用电合同中，乙方有哪些义务?

答：在C类分布式光伏发用电合同中，乙方的义务有保证电能质量、交付电费、采取保安措施、发用电设施合格、发用电设施及自备应急电源管理、保护整定与配合、无功补偿保证、电能质量共担、有关事项的通知、配合事项、禁止行为、信息保密、不越界操作、不得在用电中实施不当行为、减少损失等。

444. 在C类分布式光伏发用电合同中，对乙方电能质量有何要求?

答：在电力系统处于正常运行状况下，乙方供到甲方电网的电能质量应符合国家规定标准。乙方应采取积极有效的技术措施对影响电能质量的因素实施有效治理，确保将其控制在国家规定电能质量指标限值范围内。当乙方注入电网的谐波电流超过标准，以及冲击负荷、非对称负荷等对电网电能质量产生干扰和妨碍，严重影响、威胁电网安全，拒不按期采取有效措施进行治理改善的，甲方可按有关法律、法规和规章规定的程序中止供电。

445. 在C类分布式光伏发用电合同中，对乙方电费交付有何要求?

答：乙方应按照C类分布式光伏发用电合同约定方式、期限及时交付电费。

446. 在C类分布式光伏发用电合同中，对乙方发用电设施安全运行有何要求?

答：乙方保证发用电设施及多路电源的联络、闭锁装置始终处于合格、安全状态，并按照国家或电力行业电气运行规程定期进行安全检查和预防性试验，及时消除安全隐患。乙方电气运行维护人员应持有电力监管部门颁发的《电工进网作业许可证》，方可上岗作业。乙方应对发用电设施进行维护、管理，并负责保护甲方安装在乙方处的电能计量与电能信息采集等装置安全、完好，如有异常，应及时通知甲方。

447. 在C类分布式光伏发用电合同中，对乙方自备应急电源管理有何要求?

答：乙方应将自备电源作为保安负荷的应急电源，配置容量应达到保安负荷的120%，乙方在使用自备应急电源过程中应避免如下情况：

（1）自行变更自备应急电源接线方式。

（2）自行拆除自备应急电源的闭锁装置或使其失效。

（3）其他可能发生自备应急电源向电网倒送电的。

448. 在C类分布式光伏发用电合同中，对乙方继电保护有何要求?

答：乙方发用电设施的保护方式应当与甲方电网的保护方式相互配合，并按照电力行业有关标准或规程进行整定和检验，乙方不得擅自变动保护方式和定值。

449. 在C类分布式光伏发用电合同中，当发生哪种情况时乙方应及时通知甲方?

答：在C类分布式光伏发用电合同中，当发生下列情况时乙方应及时通知甲方：

（1）乙方发生重大安全事故。

（2）电能质量存在异常。

（3）电能计量装置计量异常、失压断流记录装置的记录结果发生改变、电能信息采集装置运行异常。

（4）乙方拟对发用电设施进行改造或扩建、用电负荷发生重大变化、重要受电设施检修安排以及发用电设施运行异常。

（5）乙方拟作资产抵押、重组、转让、经营方式调整、名称变化、发生重大诉讼、仲裁等，可能对 C 类分布式光伏发用电合同履行产生重大影响的。

（6）乙方其他可能对 C 类分布式光伏发用电合同履行产生重大影响的情况。

450. 在 C 类分布式光伏发用电合同中，乙方配合甲方的事项有哪些？

答：在 C 类分布式光伏发用电合同中，乙方配合甲方的事项如下：

（1）乙方应配合做好需求侧管理，落实国家能源方针政策。

（2）甲方依法进行用电检查，乙方应提供必要方便，并根据检查需要，向甲方提供相应真实资料。

（3）甲方依据 C 类分布式光伏发用电合同实施停、限电时，乙方应及时减少、调整或停止用电。

（4）电能计量装置的安装、移动、更换、校验、拆除、加封、启封由甲方负责，乙方应提供必要的方便和配合；安装在乙方处的电能计量装置由乙方妥善保护，如有异常，应及时通知甲方。

451. 在 C 类分布式光伏发用电合同中，乙方的禁止行为有哪些？

答：在 C 类分布式光伏发用电合同中，要明确禁止乙方故意使电能计量装置计量错误；未经国家有关部门批准，禁止乙方向其他用户供电。

452. 在 C 类分布式光伏发用电合同中，对甲方的信息保密，乙方应注意什么？

答：在 C 类分布式光伏发用电合同中，对确因发电需要而掌握的甲方商业秘密，乙方不得公开或泄露。甲方需要保守的商业秘密范围由甲方另行书面向乙方提出，经双方协商确定。

453. 在C类分布式光伏发用电合同中，对乙方的越界操作有何规定？

答：在C类分布式光伏发用电合同中，乙方不得擅自操作甲方产权范围内的电力设施，但遇到可能危及电网、可能危及用电安全、可能造成人身伤亡或重大设备损坏情形除外。

454. 在C类分布式光伏发用电合同中，应明确乙方在用电中不得实施的行为有哪些？

答：在C类分布式光伏发用电合同中，乙方在用电中不得实施的行为有：

（1）在电价低的供电线路上，擅自接用电价高的用电设备或私自改变用电类别。

（2）私自超过合同约定容量用电。

（3）擅自使用已在甲方处办理暂停手续的电力设备或启用已封存电力设备。

（4）私自迁移甲方的用电计量装置。

（5）私自更改甲方的用电计量装置。

（6）擅自操作甲方的用电计量装置。

（7）擅自引入电源和其他电源并网。

（8）擅自供出电源。

（9）擅自将自备应急电源和其他电源并网。

（10）在甲方的供电设施上，擅自接线用电。

（11）绕越甲方用电计量装置用电。

（12）伪造或者开启甲方加封的用电计量装置封印用电。

（13）损坏甲方用电计量装置。

（14）使甲方用电计量装置失准或者失效。

（15）采取其他方法导致不计量或少计量。

455. 在C类分布式光伏发用电合同履行中发生哪些情况合同可以变更？

答：在C类分布式光伏发用电合同履行中发生下列情况合同

可以变更：

（1）当事人名称变更。

（2）供电方式改变。

（3）并网方式改变。

（4）增加受电点、并网点、计量点。

（5）减少受电点、并网点、计量点。

（6）增加发用电容量。

（7）减少发用电容量。

（8）电费计算方式变更。

（9）乙方对供电质量提出特别要求。

（10）产权分界点调整。

（11）违约责任调整。

（12）由于供电能力变化或国家对电力供应与使用管理的政策调整，使订立合同时的依据被修改或取消。

（13）其他需要变更合同的情形。

456. C 类分布式光伏发用电合同变更程序是什么？

答：C 类分布式光伏发用电合同如需变更，应按以下程序进行：

（1）甲、乙双方其中一方提出合同变更请求，必须经双方协商达成一致。

（2）甲、乙双方签订《合同事项变更确认书》。

457. 在 C 类分布式光伏发用电合同中，合同转让有何要求？

答：在 C 类分布式光伏发用电合同中，应写明未经对方同意，任何一方不得将 C 类分布式光伏发用电合同下的义务转让给第三方。

458. 遇到什么情况，C 类分布式光伏发用电合同终止，不影响合同既有债权、债务的处理？

答：合同履行中出现如下情况时，合同终止，不影响合同既有债权、债务的处理。

(1) 乙方主体资格丧失或依法宣告破产。

(2) 甲方主体资格丧失或依法宣告破产。

(3) 合同依法解除。

(4) 合同依协议解除。

(5) 合同有效期届满，双方未就合同继续履行达成有效协议。

459. 在C类分布式光伏发用电合同中，遇有什么情况可以解除合同?

答: 在C类分布式光伏发用电合同中，当遇到双方协商解除合同和合同一方依法行使合同解除权时，可以解除合同。

460. 合同解除，在C类分布式光伏发用电合同中有何要求?

答: (1) 双方协议解除合同的，应达成书面解除协议，合同效力因解除协议生效而终止。

(2) 乙方行使合同解除权，应在合同中明确写明提前几天书面通知甲方，甲方实施停电后合同解除。

(3) 甲方行使合同解除权，应在合同中明确写明提前几天书面通知乙方，甲方实施停电后合同解除。

461. 在C类分布式光伏发用电合同中，甲方的违约责任有哪些?

答: (1) 如果甲方违反C类分布式光伏发用电合同约定，应当按照国家、电力行业标准或C类分布式光伏发用电合同约定予以改正，改正后继续履行合同。

(2) 甲方违反C类分布式光伏发用合同中的电能质量义务给乙方造成损失的，应赔偿乙方实际损失，最高赔偿限额是乙方在电能质量不合格的时间段内实际用电量和对应时段的平均电价乘积的20%。

(3) 甲方违反C类分布式光伏发用合同约定中止供电给乙方造成损失的，应赔偿乙方实际损失，最高赔偿限额是乙方在中止供电时间内可能用电量电度电费的 5 倍。C 类分布式光伏发用合同中的可能用电量是按照停电前乙方在上月与停电时间对等的同一时间段的平均用电量乘以停电小时求得。

（4）甲方未履行抢修义务而导致乙方损失扩大的，对扩大损失部分参照中止供电给乙方造成损失的原则给予赔偿。

（5）甲方故意使电能计量装置计量错误，造成乙方损失的，甲方应退还乙方多承担的用网电费或增补乙方少收取的上网电费。

（6）甲方随电费收取其他不合理的费用，造成乙方损失的，应退还乙方有关费用。

（7）甲方未按约定时限支付乙方上网电量电费，应在合同中写明自逾期之日起，每日按照缓付部分的百分之几支付违约金也应填写在合同中。

462. 在 C 类分布式光伏发用电合同中，遇到哪些情形之一的，甲方不承担违约责任？

答：（1）符合 C 类分布式光伏发用电合同连续供电的除外情形且甲方履行了必经程序。

（2）电力运行事故引起断路器（开关）跳闸，经自动重合闸装置重合成功。

（3）多电源供电只停其中一路，其他电源仍可满足乙方用电需要的。

（4）乙方未按合同约定安装自备应急电源或采取非电保安措施，或者对自备应急电源和非电保安措施维护管理不当，导致损失扩大部分。

（5）因乙方或第三方的过错行为所导致。

463. 在 C 类分布式光伏发用电合同中，乙方的违约责任有哪些？

答：（1）乙方违反 C 类分布式光伏发用电合同约定义务，应当按照国家、电力行业标准或 C 类分布式光伏发用电合同约定予以改正，改正后可继续履行 C 类分布式光伏发用电合同。

（2）乙方电能质量达不到国家标准的，应在甲方规定的时间内进行技术改造达到国家标准，否则甲方有权中止上网或网供电力。

（3）由于乙方原因造成甲方对外供电停止或减少的，应当按甲方少供电量乘以上月份平均售电单价给予赔偿；其中，少供电量为停电时间上月份每小时平均供电量乘以停电小时，停电时间不足1h的按1h计算，超过1h的按实际停电时间计算。

（4）因乙方过错给甲方或者其他用户造成财产损失的，乙方应当依法承担赔偿责任。

（5）乙方故意使电能计量装置计量错误，造成甲方损失的，退还多收取的上网电费。

464. 在C类分布式光伏发用电合同中，乙方有哪些违约行为的还应按合同约定向甲方支付违约金？

答：（1）乙方违反C类分布式光伏发用电合同约定逾期交付电费，当年欠费部分的每日按欠交额的0.2%、跨年度欠费部分的每日按欠交额的0.3%计付。

（2）乙方擅自改变用电类别或在电价低的供电线路上，擅自接用电价高的用电设备的，按差额电费的两倍计付违约金，差额电费按实际违约使用日期计算；违约使用起讫日难以确定的，按3个月计算。

（3）擅自超过C类分布式光伏发用电合同约定容量用电的，属于两部制电价的用户，按3倍私增容量基本电费计付违约金；属单一制电价的用户，按擅自使用或启封设备容量每kW（kVA）50元支付违约金。

（4）擅自使用已经办理暂停使用手续的电力设备，或启用已被封停的电力设备的，属于两部制电价的用户，按基本电费差额的两倍计付违约金；如属单一制电价的，按擅自使用或启封设备容量每次每kW(kVA)30元支付违约金；启用私自增容被封存的设备，还应按第（2）条支付违约金。

（5）擅自迁移、更改或操作用电计量装置、电力负荷管理装置、擅自操作供电企业的供电设施以及约定由甲方调度的受电设备的，按每次 5000 元计付违约金。

（6）擅自引入、供出电源或者将自备电源和其他电源私自并网的，按引入、供出或并网电源容量的每 kW（kVA）500 元计付违约金。

（7）擅自在甲方供电设施上接线用电、绕越用电计量装置用电、伪造或开启已加封的用电计量装置用电，损坏用电计量装置、使用电计量装置不准或失效的，按补交电费的 3 倍计付违约金。少计电量时间无法查明时，按 180 天计算。日使用时间按小时计算，其中，电力用户每日按 12h 计算，照明用户每日按 6h 计算。

465. 在 C 类分布式光伏发用电合同中，发生何种原因，乙方的违约责任可以免除？

答：（1）不可抗力。

（2）法律、法规及规章规定的免责情形。

466. 在 C 类分布式光伏发用电合同中，合同效力有何规定？

答：C 类分布式光伏发用电合同经双方签署并加盖公章或合同专用章后成立。在合同中要写明合同有效期、起始时间与终止时间。合同有效期届满，双方均未对合同履行提出书面异议，合同效力按 C 类分布式光伏发用电合同有效期重复继续维持。如果合同一方提出异议的，应在合同有效期届满的 15 天前提出。当一方提出异议，经协商后双方达成一致，可重新签订发用电合同。在合同有效期届满后续签的书面合同签订前，C 类分布式光伏发用电合同继续有效。如果一方提出异议，经协商后不能达成一致的，在双方对发用电事宜达成新的书面协议前，C 类分布式光伏发用电合同继续有效。

467. 在执行 C 类分布式光伏发用电合同中，甲、乙双方发生争议如何解决？

答：（1）甲、乙双方发生争议时，应首先通过友好协商解决。

协商不成的，可采取提请行政主管机关调解、向仲裁机构申请仲裁或者向有管辖权法院提起诉讼等方式予以解决。调解程序并非仲裁、诉讼的必经程序。

（2）若争议经协商和（或）调解仍无法解决的，甲、乙双方应在合同中要明确写明处理方式。处理方式有仲裁和诉讼两种。在合同中要填写仲裁提交给谁，在合同中要明确写明申请仲裁时该仲裁机构按照有效的仲裁规则进行仲裁。仲裁裁决对双方均有约束力。在合同中要填写诉讼向哪个所在地人民法院提起诉讼。

（3）在争议解决期间，合同中未涉及争议部分的条款仍须履行。

468. C类分布式光伏发用电合同中规定发出的通知有几种方式?

答: 有以下三种方式：

（1）通过邮寄方式发送的，邮寄到相应地址之日为有效送达日。

（2）通过电子邮件形式发送的，由收件人收到之日为有效送达日。

（3）通过传真形式发送的，发出并收到发送成功确认函之日为有效送达日。

469. C类分布式光伏发用电合同中规定发出的通知有何要求?

答: 如果按照三种方式确定的有效送达日在收件人所在地不属于工作日的，则当地收讫日后的第一个工作日为该通知或同意的有效送达日。任何一方均应按C类分布式光伏发用电合同约定，向另一方发出通知，变更其接收地址、电子邮箱或传真号码。甲、乙双方接收的所有通知及同意的地址、传真号码和电子邮箱地址应填写在合同中。根据C类分布式光伏发用电合同规定发出的所有通知及同意，应按照合同中填写的地址、电子邮箱或传真号码送达相关方。

470. C类分布式光伏发用电合同签订分数有何要求？

答： C类分布式光伏发用电合同应有正本和副本两种，正本合同至少要一式两份，甲方持一份，乙方持一份。副本合同也至少要一式两份，甲方持一份，乙方持一份。

471. C类分布式光伏发用电合同附件有哪些内容？

答： C类分布式光伏发用电合同附件包括术语定义、甲乙双方接线及产权分界示意图、电费结算协议、合同事项变更确认书等。

472. C类分布式光伏发用电合同特别约定有何要求？

答： C类分布式光伏发用电合同中的特别约定是对合同其他条款的修改或补充，如有不一致，以特别约定为准。

473. 在C类分布式光伏发用电合同中，如果乙方是政府机关、医疗、交通、通信、工矿企业的有何要求？

答： 在C类分布式光伏发用电合同中，乙方为政府机关、医疗、交通、通信、工矿企业，以及选择“重要负荷”“连续性负荷”的，应当选择配备自备应急电源，并采取有效的非电保安措施，以保证发用电安全。

474. C类分布式光伏发用电合同签订基础是什么？

答： 甲、乙双方是在完全清楚、自愿的基础上签订C类分布式光伏发用电合同。

第四节　D类分布式光伏发用电合同

475. D类分布式光伏发用电合同中对“发用电地址”有何要求？

答： D类分布式光伏发用电合同中对发用电地址的要求是乙方发电与用电项目位于同一地址。

476. D类分布式光伏发用电合同中的“用电性质”包括哪些内容?

答: D类分布式光伏发用电合同中的“用电性质”包括行业分类、用电分类、负荷特性,负荷特性又包括负荷性质、负荷时间特性。

477. D类分布式光伏发用电合同中的“用电容量”是指什么?

答: D类分布式光伏发用电合同中的“用电容量”是指乙方申请、并经甲方核准使用电力的最大功率或视在功率。

478. D类分布式光伏发用电合同中的“受电点”是指什么?

答: D类分布式光伏发用电合同中的“受电点”是指乙方受电装置所处的位置。为接受供电网供给的电力,并能对电力进行有效变换、分配和控制的电气设备,如高压用户的一次变电站(所)或变压器台、开关站,低压用户的配电室、配电屏等,都可称为乙方的受电装置。

479. D类分布式光伏发用电合同中的“保安负荷”是指什么?

答: D类分布式光伏发用电合同中的“保安负荷”是指重要电力用户用电设备中需要保证连续供电和不发生事故,具有特殊的用电时间、使用场合、目的和允许停电时间的重要电力负荷。

480. D类分布式光伏发用电合同中的“电能质量”是指什么?

答: D类分布式光伏发用电合同中的“电能质量”是指供电电压、频率和波形。

481. D类分布式光伏发用电合同中的“计量方式”是指什么?

答: D类分布式光伏发用电合同中的“计量方式”是指计量电能的方式,一般分为高压侧计量和低压侧计量以及高压侧加低压侧混合计量三种方式。

482. D类分布式光伏发用电合同中的“计量点”是指什么?

答: D类分布式光伏发用电合同中的“计量点”是指用于贸易结算的电能计量装置装设地点。

483. D类分布式光伏发用电合同中的“计量装置”包括哪些内容?

答: D类分布式光伏发用电合同中的“计量装置”包括电能表、互感器、二次连接线、端子排及计量箱柜。

484. D类分布式光伏发用电合同中的“冷备用”是指什么?

答: 需经甲方许可或启封，经操作后可接入电网的设备，在D类分布式光伏发用电合同中视为冷备用。

485. D类分布式光伏发用电合同中的“热备用”是指什么?

答: 不需经甲方许可，一经操作即可接入电网的设备，在D类分布式光伏发用电合同中视为热备用。

486. D类分布式光伏发用电合同中的“谐波源负荷”是指什么?

答: D类分布式光伏发用电合同中的“谐波源负荷”是指乙方向公共电网注入谐波电流或在公共电网中产生谐波电压的电气设备。

487. D类分布式光伏发用电合同中的“冲击负荷”是指什么?

答: D类分布式光伏发用电合同中的“冲击负荷”是指乙方用电过程中周期性或非周期性地从电网中取用快速变动功率的负荷。

488. D类分布式光伏发用电合同中的“非对称负荷”是指什么?

答: D类分布式光伏发用电合同中的“非对称负荷”是指因

三相负荷不平衡引起电力系统公共连接点正常三相电压不平衡度发生变化的负荷。

489. D类分布式光伏发用电合同中的"自动重合闸装置重合成功"是指什么?

答: D类分布式光伏发用电合同中的"自动重合闸装置重合成功"是指供电线路事故跳闸时,电网自动重合闸装置在整定时间内自动合闸成功;或自动重合装置不动作及未安装自动重合装置时,在运行规程规定的时间内一次强送成功的。

490. D类分布式光伏发用电合同中的"倍率"是指什么?

答: D类分布式光伏发用电合同中的"倍率"是指间接式计量电能表所配电流互感器、电压互感器变比及电能表自身倍率的乘积。

491. D类分布式光伏发用电合同中的"线损"是指什么?

答: D类分布式光伏发用电合同中的"线损"是指线路在传输电能时所发生的有功损耗、无功损耗。

492. D类分布式光伏发用电合同中的"变损"是指什么?

答: D类分布式光伏发用电合同中的"变损"是指变压器在运行过程中所产生的有功损耗和无功损耗。

493. D类分布式光伏发用电合同中的"无功补偿"是指什么?

答: D类分布式光伏发用电合同中的"无功补偿"是指为提高功率因数、减少损耗、提高用户侧电压合格率而采取的技术措施。

494. D类分布式光伏发用电合同中的"计划检修"是指什么?

答: D类分布式光伏发用电合同中的"计划检修"是指按照年度、月度检修计划实施的设备检修。

495. D 类分布式光伏发用电合同中的“临时检修”是指什么？

答：D 类分布式光伏发用电合同中的“临时检修”是指供电设备出现故障或需要临时改造等原因引起的非计划、临时性停电（检修）。

496. D 类分布式光伏发用电合同中的“紧急避险”是指什么？

答：D 类分布式光伏发用电合同中的“紧急避险”是指电网发生事故或者发电、供电设备发生重大事故；电网频率或电压超出规定范围、输变电设备负载超过规定值、主干线路功率值超出规定的稳定限额以及其他威胁电网安全运行，有可能破坏电网稳定，导致电网瓦解以至大面积停电等运行情况时，甲方采取的避险措施。

497. D 类分布式光伏发用电合同中的“不可抗力”是指什么？

答：D 类分布式光伏发用电合同中的“不可抗力”是指不能预见、不能避免并不能克服的客观情况。包括火山爆发、龙卷风、海啸、暴风雪、泥石流、山体滑坡、水灾、火灾、来水达不到设计标准、超设计标准的地震、台风、雷电、雾闪以及核辐射、战争、瘟疫、骚乱等。

498. D 类分布式光伏发用电合同中的“逾期”是指什么？

答：D 类分布式光伏发用电合同中的“逾期”是指超过双方约定的交纳电费的截止日的第二天，不含截止日。

499. D 类分布式光伏发用电合同中的“受电设施”是指什么？

答：D 类分布式光伏发用电合同中的“受电设施”是指乙方用于接受供电企业供给的电能而建设的电气装置及相应的建筑物。

500. D 类分布式光伏发用电合同中的“国家标准”是指什么？

答：D 类分布式光伏发用电合同中的“国家标准”是指国家

标准管理专门机关按法定程序颁发的标准。

501. D类分布式光伏发用电合同中的“电力行业标准”是指什么?

答: D类分布式光伏发用电合同中的“电力行业标准”是指国务院电力管理部门依法制定颁发的标准。

502. D类分布式光伏发用电合同中的“基本电价”是指什么?

答: D类分布式光伏发用电合同中的“基本电价”是指按用户用电容量(或最大需量)计算电费的电价。

503. D类分布式光伏发用电合同中的“电度电价”如何计算?

答: D类分布式光伏发用电合同中的“电度电价”是指按用户用电量计算电费的电价。

504. D类分布式光伏发用电合同中的“两部制电价”是如何构成?

答: D类分布式光伏发用电合同中的“两部制电价”由基本电价和电度电价构成。

505. 何谓D类分布式光伏发用电合同中的“重要电力用户”?

答: D类分布式光伏发用电合同中的“重要电力用户”是指在国家或者一个地区(城市)的社会、政治、经济生活中占有重要地位,对其中断供电将可能造成人身伤亡、较大环境污染、较大政治影响、较大经济损失、社会公共秩序严重混乱的用电单位或对供电可靠性有特殊要求的用电场所。

506. D类分布式光伏发用电合同中的“分布式光伏发电项目”指的是哪些项目?

答: D类分布式光伏发用电合同中的“分布式光伏发电项目”是指位于用户附近,所发电能就地利用,以10kV及以下电压等级接入电网，且单个并网点总装机容量不超过 6MW 的光伏发电项目。

507. D 类分布式光伏发用电合同中的“上网电量”指的是什么?

答: 指乙方在计量关口点输送给甲方的电量，电量的计量单位为 kWh（千瓦时）。

508. D 类分布式光伏发用电合同中的“上网电价”指的是什么?

答: D 类分布式光伏发用电合同中的“上网电价”是指甲方购买乙方电量所执行的电价。

509. 何谓 D 类分布式光伏发用电合同中的“工作日”?

答: D 类分布式光伏发用电合同中的“工作日”是指除法定节假日以外的公历日。如约定电费支付日不是工作日，则电费支付日顺延至下一工作日。

510. D 类分布式光伏发用电合同中的“用电容量”应填写哪些内容?

答: D 类分布式光伏发用电合同中的“用电容量”要明确填写乙方共有几个受电点，要填写用电容量，对自备应急发电容量要填写实际千伏安数值。

(1) 变压器填写要求：要填写受电点的受电变压器台数，对于不同容量的变压器要分别填写其容量。如果是多台变压器，应填写变压器之间的运行方式，比如运行状态、热备用状态、冷备用状态、停用状态等。

(2) 高压电机填写要求：要填写受电点的受电高压电机台数，对于不同容量的高压电机要分别填写变压器的容量。如果是多台高压电机，应填写高压电机之间的运行方式，比如运行状态、热备用状态、冷备用状态、停用状态等。

511. D类分布式光伏发用电合同中的“供电方式”应明确哪些内容？

答：D类分布式光伏发用电合同中的“供电方式”应写明甲方向乙方提供单电源（或双电源、多电源、双回路、多回路），写明甲方向乙方提供50Hz三相交流电源。

512. D类分布式光伏发用电合同中的“电源性质”应如何填写？

答：在D类分布式光伏发用电合同中的“电源性质”栏可以填写主供电源（或冷备用电源、热备用电源）。

513. D类分布式光伏发用电合同中的“单电源”应明确哪些内容？

答：在D类分布式光伏发用电合同中的“单电源”应写明“单电源从甲方的××变电站（或××配电变压器）出线”，应写明出线的电压等级，出线应注明是架空线（或电缆），出线还应注明是专用线路还是公用线路，“出线经××变电站出口断路器（或××配电变压器的出口开关）”要写明断路器（或开关）的双重编号，单电源出线送向乙方的受电点应写明。

514. D类分布式光伏发用电合同中的“双电源”应明确哪些内容？

答：在D类分布式光伏发用电合同中的“双电源”应写明每一路电源“从甲方的××变电站（或××配电变压器）出线”，应写明每一路电源出线的电压等级，每一路电源出线应注明是架空线（或电缆），每一路电源出线还应注明是专用线路还是公用线路，每一路电源出线“经××变电站出口断路器（或××配电变压器的出口开关）”要写明断路器（或开关）的双重编号，每一路电源出线送向乙方的受电点应写明。

515. D类分布式光伏发用电合同中的“双回路”应明确哪些内容？

答：在D类分布式光伏发用电合同中的“双回路”应写明每一回路“从甲方的××变电站（或××配电变压器）出线”，每一回路出线的电压等级应写明，每一回路出线应注明是架空线（或电缆），每一回路出线还应注明是专用线路还是公用线路，每一回路出线“经××变电站出口断路器（或××配电变压器的出口开关）”要写明断路器（或开关）的双重编号，每一回路出线送向乙方的受电点应写明。

516. D类分布式光伏发用电合同中的“多路供电电源联络”有何要求？

答：在D类分布式光伏发用电合同中，对于“多路供电电源联络”必须注明电源联络方式是高压联络还是低压联络。

517. D类分布式光伏发用电合同中的“多路供电电源闭锁”有何要求？

答：在D类分布式光伏发用电合同中，对于“多路供电电源闭锁”必须注明电源闭锁方式是机械闭锁、电气闭锁还是微机闭锁。

518. D类分布式光伏发用电合同中的“自备应急电源”有何要求？

答：在D类分布式光伏发用电合同中，对于乙方的“自备应急电源”应明确要求由乙方自行准备应急电源或采取非电保安措施，确保电网意外断电不影响乙方用电安全。合同中要写明乙方采用自备发电机（或不间断电源）作为保安负荷的应急电源，分布式光伏发电电源不能作为乙方的自备应急电源。自备发电机要写明功率，不间断电源（UPS/EPS）要写明功率，自备应急电源与电网电源之间装设的闭锁装置要写明是电气闭锁装置还是机械闭锁装置。乙方按照行业性质所采取的非电保安措施也要在合同中注明。

519. D类分布式光伏发用电合同中对无功补偿及功率因数有何要求?

答: 在D类分布式光伏发用电合同中，要写明乙方无功补偿装置总容量，在合同中还要明确要求电网在高峰时段时功率因数应达到的最低值。

520. D类分布式光伏发用电合同中对光伏发电设备有何要求?

答: 在D类分布式光伏发用电合同中要对丙方拥有光伏项目明确其管理、运行和维护责任，要写明乙方拥有光伏项目发电容量。在合同中要明确丙方与乙方内部电网连接的并网点数量，并网点的电压等级也要在合同中注明。对于通过线路接入开关站的并网点，要在合同中写明线路名称和电压等级，如果线路为T接线路，还要写明T接线路名称，写明开关站的名称编号和电压等级。在合同中还要写明并网点接入开关站母线和开关柜的名称编号和电压等级。

521. D类分布式光伏发用电合同中对产权分界点及责任划分有何要求?

答: (1) 在D类分布式光伏发用电合同中必须要明确甲、乙双方供用电设施产权分界点。分界点公用电网侧产权属甲方，分界点用户侧产权属乙方，双方各自承担其产权范围内用电设施上发生事故等引起的法律责任。

(2) 在D类分布式光伏发用电合同中必须要明确乙、丙双方发用电设施产权分界点。分界点光伏电源侧产权属丙方，分界点用户侧产权属乙方，双方各自承担其产权范围内电力设施上发生事故等引起的法律责任。

522. D类分布式光伏发用电合同中对计算电量有何要求?

答: 在D类分布式光伏发用电合同中对于采用余电上网方式消纳发电量的，以产权分界点计量装置的抄录示数为依据分别计算上、下网电量；采用全部上网方式消纳发电量的，以并网点计量装置的抄录示数为依据计算上网电量。

523. D类分布式光伏发用电合同中对于未分别计量的乙方用电量如何认定？

答：在D类分布式光伏发用电合同中，如果计量装置计量的电量包含多种电价类别的电量，对某一电价类别的用电量，每月应按照哪种方式应由双方在合同中确定，计量方式一般由两种，一种为电量定比，单位是%；另一种为电量定量，单位是kWh。对于双方确定的计量方式及核定值双方每年至少可以提出重新核定一次，对方不得拒绝。

524. D类分布式光伏发用电合同中对计量点设置及计量方式有何要求？

答：在D类分布式光伏发用电合同中首先要确定计量点数量，再对计量点进行编号。合同中应写明计量装置装设的具体位置、计量方式也应在合同中注明计量装置记录的数据作为乙方用电量的计量依据。

525. 在D类分布式光伏发用电合同中如果电能计量装置安装位置与产权分界点不一致时，损耗承担有何规定？

答：在D类分布式光伏发用电合同中如果电能计量装置安装位置与产权分界点不一致时，出现的有功损耗和无功损耗应由产权所有人负担。变压器损耗与线路损耗应在合同中分别写明计算规定，损耗的电量按各分类电量占抄见总电量的比例分摊。

526. 在D类分布式光伏发用电合同中对电量的抄录有何规定？

答：在D类分布式光伏发用电合同中要明确抄表周期、抄表例日，如果甲方抄表例日有所变动，甲方应提前一个抄表周期告知乙方。抄表方式也要在合同中写明，抄表方式可填写人工抄录方式或电能信息采集装置自动抄录方式等。

527. 在D类分布式光伏发用电合同中电量结算依据是什么？

答：在D类分布式光伏发用电合同中电量结算依据如下：

（1）三方约定光伏项目发电量以余电上网方式消纳电量的，甲方与乙方以产权分界点计量装置抄录的用网示数为依据计算乙方用网电量，甲方与丙方以产权分界点计量装置抄录的上网示数为依据计算丙方上网电量。

（2）三方约定光伏项目发电量以全部上网方式消纳电量的，甲方与丙方以并网点计量装置抄录的上网示数为依据计算丙方上网电量；甲方与乙方以的计量装置和并网点的计量装置抄录的用网示数为依据计算乙方用网电量。

528. 在D类分布式光伏发用电合同中购、售电费的计算依据是什么？

答：在D类分布式光伏发用电合同中按照上网电量、用网电量和国家规定的上网电价、销售电价分别计算购、售电费。

529. 在D类分布式光伏发用电合同中对于无功用电量如何计算？

答：在D类分布式光伏发用电合同中乙方的无功用电量按照正反向无功电量绝对值的总量计算。

530. 当电能信息采集装置发生故障，在D类分布式光伏发用电合同中以什么为结算依据？

答：以电能信息采集装置自动抄录的数据作为电费结算依据的，当装置发生故障时，在D类分布式光伏发用电合同中明确以甲方人工抄录数据作为结算依据。

531. 在D类分布式光伏发用电合同中对于计量失准应如何处理？

答：如果一方认为电能计量装置失准，有权提出校验请

求，对方不得拒绝。校验应由有资质的计量检定机构实施。如校验结论为合格，检测费用由提出请求方承担；如不合格，由表计提供方承担，但能证明因对方使用、管理不善的除外。在申请验表期间，电费仍应按期支付，验表结果确认后，再行退补电费。

532. 在 D 类分布式光伏发用电合同中对于互感器误差超出允许范围的，应如何进行电费退补？

答：在 D 类分布式光伏发用电合同中对于互感器误差超出允许范围的，应以“0”误差为基准，按验证后的误差值确定退补电量。退补时间从上次校验或换装后投入之日起至误差更正之日止的 1/2 时间计算。发生此类情形，电费在退补期间，双方要先按抄见电量如期支付电费，误差确定后，再行退补。

533. 在 D 类分布式光伏发用电合同中对于电能表误差超出允许范围的，应如何进行电费退补？

答：在 D 类分布式光伏发用电合同中对于电能表误差超出允许范围的，应以“0”误差为基准，按验证后的误差值确定退补电量。退补时间从上次校验或换装后投入之日起至误差更正之日止的 1/2 时间计算。发生此类情形，电费在退补期间，双方要先按抄见电量如期支付电费，误差确定后，再行退补。

534. 在 D 类分布式光伏发用电合同中对于计量回路连接线的电压降超出允许范围的，应如何进行电费退补？

答：在 D 类分布式光伏发用电合同中对于计量回路连接线的电压降超出允许范围的，要以允许电压降为基准，按验证后实际值与允许值之差确定补收电量。补收时间从连接线投入或负荷增加之日起至电压降更正之日止。发生此类情形，电费在退补期间，双方要先按抄见电量如期支付电费，误差确定后，再行退补。

535. 在D类分布式光伏发用电合同中对于非人为原因致使计量记录不准的，应如何进行电费退补？

答：在D类分布式光伏发用电合同中对于非人为原因致使计量记录不准的，应以正常月份电量为基准，退补电量，退补时间按抄表记录确定。发生此类情形，电费在退补期间，双方要先按抄见电量如期支付电费，误差确定后，再行退补。

536. 在D类分布式光伏发用电合同中对于计费计量装置接线错误的，应如何进行电费退补？

答：在D类分布式光伏发用电合同中对于计费计量装置接线错误的，应以其实际记录的电量为基数，按正确与错误接线的差额率退补电量，退补时间从上次校验或换装投入之日起至接线错误更正之日止。若发生此种情形，退补电量未正式确定前，双方先按正常月电量支付电费。

537. 在D类分布式光伏发用电合同中对于电压互感器熔断器熔断的，应如何进行电费退补？

答：在D类分布式光伏发用电合同中对于电压互感器熔断器熔断的，应按规定计算方法计算值补收相应电量的电费；无法计算的，以正常月份电量为基准，按正常月与故障月的差额补收相应电量的电费，补收时间按抄表记录或按失压自动记录仪记录确定。若发生此种情形，退补电量未正式确定前，双方先按正常月电量支付电费。

538. 在D类分布式光伏发用电合同中对于计算电量的计费倍率与实际不符的，应如何进行电费退补？

答：计算电量的计费倍率与实际不符的，以实际倍率为基准，按正确与错误倍率的差值退补电量，退补时间以抄表记录为准确定。若发生此种情形，退补电量未正式确定前，双方先按正常月电量支付电费。

539. 在D类分布式光伏发用电合同中对于计算电量的铭牌倍率与实际不符的，应如何进行电费退补？

答：计算电量的铭牌倍率与实际不符的，以实际倍率为基准，按正确与错误倍率的差值退补电量，退补时间以抄表记录为准确定。若发生此种情形，退补电量未正式确定前，双方先按正常月电量支付电费。

540. 在D类分布式光伏发用电合同中对于主、副电能表所计电量有差值的，应如何处理？

答：主、副电能表所计电量之差与主表所计电量的相对误差小于电能表准确等级值的1.5倍时，以主电能表所计电量作为贸易结算的电量。主、副电能表所计电量之差与主表所计电量的相对误差大于电能表准确等级值的1.5倍时，对主、副电能表进行现场校验，主电能表不超差，以其所计电量为准；主电能表超差而副电能表不超差，以副电能表所计电量为准；主、副电能表均超差，以主电能表的误差计算退补电量，并及时更换超差表计。

541. 在D类分布式光伏发用电合同中对于出现的计量争议以什么为依据？

答：在D类分布式光伏发用电合同中要写明以抄表记录和失压、断流自动记录、电能信息采集等装置记录的数据作为双方处理有关计量争议的依据。

542. 在D类分布式光伏发用电合同中对于电价应明确哪些内容？

答：在D类分布式光伏发用电合同中对于电价应明确：双方应根据电能计量装置的记录和政府主管部门批准的电价（包括国家规定的随电价征收的有关费用），合同约定方定期结算电费。在合同有效期内，如发生电价和其他收费项目费率调整，按政府有关电价调整文件执行。

543. 在D类分布式光伏发用电合同中提及的乙方用网电费包括哪些内容?

答: 在D类分布式光伏发用电合同中提及的乙方用网电费包括电度电费、基本电费和功率因数调整电费。

544. 何谓电度电费?

答: 电度电费是按照乙方各用电类别结算电量乘以对应的电度电价。

545. 在D类分布式光伏发用电合同中乙方基本电费应如何明确?

答: 在D类分布式光伏发用电合同中要明确乙方的基本电费选择哪种方式计算，在合同中要写明是按照变压器容量还是按照最大需量方式计算，如果按变压器容量计收基本电费的，在合同中要写明基本电费计算容量（含不通过变压器供电的高压电动机）。在合同中还要写明一个日历年为一个选择周期。

546. 在D类分布式光伏发用电合同中，按最大需量计算电费的应如何写明?

答: 在D类分布式光伏发用电合同中，对于按最大需量计算的，应按照双方协议确定最大需量核定值，该数值不得低于乙方运行受电变压器总容量（含不通过变压器供电的高压电动机）的40%，并不得高于其供电总容量（两路及以上进线的用户应分别确定最大需量值）。实际最大需量在核定值的105%及以下的，按核定值计算；实际最大需量超过核定值105%的，超过部分的基本电费加一倍收取。乙方可根据用电需求情况，提前半月申请变更下月的合同最大需量，但前后两次变更申请的间隔不得少于6个月。

547. 在D类分布式光伏发用电合同中，基本电费如何收取?

答: 在D类分布式光伏发用电合同中，基本电费应按月计收，对新装、增容、变更和终止用电当月基本电费按实际用电天数计收，不足 24h 的按 1 天计算，每日按全月基本电费的 1/30 计算。事故停电、检修停电、计划限电不扣减基本电费。

548. 在 D 类分布式光伏发用电合同中，功率因数调整电费收取依据是什么？

答：在 D 类分布式光伏发用电合同中，功率因数调整电费收取依据是国家《功率因数调整电费办法》。

549. 在 D 类分布式光伏发用电合同中，甲方向丙方支付的上网电费如何计算？

答：在 D 类分布式光伏发用电合同中，甲方向丙方支付的上网电费计算如下：上网电费＝上网电量×对应的上网电价（含税）。

550. 在 D 类分布式光伏发用电合同中，电费支付及结算有何要求？

答：在 D 类分布式光伏发用电合同中，电费支付及结算应按照上网电量由甲方与丙方结算，用网电量由甲方与乙方结算。甲乙双方、甲丙双方可参照《电费结算协议》的格式分别订立电费结算协议作为 D 类分布式光伏发用电合同的附件。

551. 在 D 类分布式光伏发用电合同中，甲方有哪些义务？

答：在 D 类分布式光伏发用电合同中，甲方的义务有信息提供、信息保密、事故抢修、禁止行为、不越界操作、中止供电程序、连续供电、电量收购、保证电能质量等。

552. 在 D 类分布式光伏发用电合同中，甲方在电能质量方面有哪些义务？

答：在 D 类分布式光伏发用电合同中，甲方在电能质量方面应写明，在电力系统处于正常运行状况下，供到乙方受电点的电能质量应符合国家规定标准。

553. 在D类分布式光伏发用电合同中，甲方在电量收购方面有哪些义务?

答: 在D类分布式光伏发用电合同中，甲方在电量收购方面应按照D类分布式光伏发用电合同的约定购买丙方的上网电量，并按约定支付上网电费。除因不可抗力或者有危及电网安全稳定的情形外，不应限制购买丙方上网电量。

554. 在D类分布式光伏发用电合同中，应写明发生哪种情形之一，甲方可按有关法律、法规和规章规定的程序中止供电?

答: 在D类分布式光伏发用电合同中，甲方应写明在供电系统正常情况下，甲方连续向乙方供电。发生如下情形之一的，甲方可按有关法律、法规和规章规定的程序中止供电:

(1) 供电设施计划检修或临时检修。

(2) 危害供用电安全，扰乱供用电秩序，拒绝检查的。

(3) 乙方逾期未交电费，经甲方催交仍未交付的。

(4) 受电装置经检验不合格，在指定期间未改善的。

(5) 乙方注入电网的谐波电流超过标准，以及冲击负荷、非对称负荷等对电网电能质量产生干扰和妨碍，严重影响、威胁电网安全，拒不按期采取有效措施进行治理改善的。

(6) 拒不在限期内拆除私增用电容量的。

(7) 拒不在限期内交付违约用电引起的费用的。

(8) 违反安全用电有关规定，拒不改正的。

(9) 发生不可抗力或紧急避险的。

(10) 在甲方的供电设施上，擅自接线用电。

(11) 绕越甲方用电计量装置用电。

(12) 伪造或者开启甲方加封的用电计量装置封印用电。

(13) 损坏甲方用电计量装置。

(14) 使甲方用电计量装置失准或者失效。

(15) 采取其他方法导致不计量或少计量。

555. 在D类分布式光伏发用电合同中，甲方对于中止供电应履行什么程序？

答：在D类分布式光伏发用电合同中，甲方供电设施计划检修需要中止供电的，提前7天通知乙方或进行公告。如果甲方供电设施临时检修需要中止供电的，应提前24h通知乙方。除计划检修或临时检修中止供电情形外，需对乙方中止供电时，甲方除需履行有关法规、规章规定的报批程序外，还要按如下程序进行：

（1）停电前3～7天内，将停电通知书送达乙方，对乙方的停电，同时将停电通知书报送同级电力管理部门。

（2）停电前30min，将停电时间再通知乙方一次。

556. 在D类分布式光伏发用电合同中，应写明发生哪种情况，甲方可当即中止向乙方供电？

答：在D类分布式光伏发用电合同中，当发生以下情形之一的，甲方可当即中止向乙方供电：

（1）发生不可抗力或紧急避险。

（2）在甲方的供电设施上擅自接线用电。

（3）绕越甲方用电计量装置用电。

（4）伪造或者开启甲方加封的用电计量装置封印用电。

（5）损坏甲方用电计量装置。

（6）使甲方用电计量装置失准或者失效。

（7）采取其他方法导致不计量或少计量。

557. 在D类分布式光伏发用电合同中，中止供电后应在几日内恢复供电？

答：引起中止供电或限电的原因消除后，应在3日内恢复供电。不能在3日内恢复供电的，应向乙方说明原因。

558. 在D类分布式光伏发用电合同中，对越界操作是如何规定的？

答：在D类分布式光伏发用电合同中应写明甲方不得擅自操

作乙、丙方产权范围内的电力设施，但当遇到可能危及电网和用电安全、可能造成人身伤亡或重大设备损坏、甲方依法或依合同约定实施停电情况时，甲方可以实施越界操作。甲方应遵循合理、善意的原则，并及时告知乙方和丙方，最大限度地减少损失发生。

559. 在D类分布式光伏发用电合同中，甲方禁止行为有哪些？

答：在D类分布式光伏发用电合同中，必须将禁止甲方故意使电能计量装置计量错误，随电费收取其他不合理费用的行为。

560. 在D类分布式光伏发用电合同中，甲方在事故抢修方面如何规定？

答：因自然灾害等原因断电的，甲方应按照国家有关规定及时对产权所属的供电设施进行抢修。

561. 在D类分布式光伏发用电合同中，需明确甲方提供哪些信息？

答：在D类分布式光伏发用电合同中，甲方信息提供内容是：

(1) 为乙方交费和查询提供方便；

(2) 免费为乙方、丙方提供电能表示数信息；

(3) 免费为乙方、丙方提供负荷信息；

(4) 免费为乙方、丙方提供电量信息；

(5) 免费为乙方、丙方提供电费等信息；

(6) 为丙方收费和查询提供方便；

(7) 及时公布电价调整信息。

562. 在D类分布式光伏发用电合同中，甲方对保密乙方、丙方信息有哪些要求？

答：在D类分布式光伏发用电合同中，应写明对确因供电需要而掌握的乙方、丙方商业秘密，不得公开或泄露。乙方、丙方需要保守的商业秘密范围由其另行书面向甲方提出，经协商确定。

563. 在 D 类分布式光伏发用电合同中，乙方有哪些义务？

答： 在 D 类分布式光伏发用电合同中，乙方的义务有交付电费、采取保安措施、发用电设施合格、发用电设施及自备应急电源管理、保护整定与配合、无功补偿保证、电能质量共担、有关事项的通知、配合事项、不越界操作、不得在用电中实施如下行为、减少损失等。

564. 在 D 类分布式光伏发用电合同中，对乙方电费交付有何要求？

答： 乙方应按照 D 类分布式光伏发用电合同约定方式、期限及时交付电费。

565. 在 D 类分布式光伏发用电合同中，对乙方发用电设施安全运行有何要求？

答： 乙方保证发用电设施及多路电源的联络、闭锁装置始终处于合格、安全状态，并按照国家或电力行业电气运行规程定期进行安全检查和预防性试验，及时消除安全隐患。乙方电气运行维护人员应持有电力监管部门颁发的《电工进网作业许可证》，方可上岗作业。乙方应对发用电设施进行维护、管理，并负责保护甲方安装在乙方处的电能计量与电能信息采集等装置安全、完好，如有异常，应及时通知甲方。

566. 在 D 类分布式光伏发用电合同中，对乙方自备应急电源管理有何要求？

答： 乙方应将自备电源作为保安负荷的应急电源，配置容量应达到保安负荷的 120%，乙方在使用自备应急电源过程中应避免如下情况：

(1) 自行变更自备应急电源接线方式。

(2) 自行拆除自备应急电源的闭锁装置或使其失效。

(3) 其他可能发生自备应急电源向电网倒送电的。

567. 在D类分布式光伏发用电合同中，对乙方继电保护有何要求?

答：乙方用电设施的保护方式应当与甲方电网的保护方式相互配合，并按照电力行业有关标准或规程进行整定和检验，乙方不得擅自变动。

568. 在D类分布式光伏发用电合同中，当发生哪种情况时乙方应及时通知甲方、丙方?

答：在D类分布式光伏发用电合同中，当发生下列情况时乙方应及时通知甲方、丙方：

(1) 乙方发生重大用电安全事故及人身触电事故。

(2) 电能质量存在异常。

(3) 电能计量装置计量异常、失压断流记录装置的记录结果发生改变、电能信息采集装置运行异常。

(4) 乙方拟对发用电设施进行改造或扩建、用电负荷发生重大变化、重要受电设施检修安排以及发用电设施运行异常。

(5) 乙方拟作资产抵押、重组、转让、经营方式调整、名称变化、发生重大诉讼、仲裁等，可能对D类分布式光伏发用电合同履行产生重大影响的。

(6) 乙方其他可能对D类分布式光伏发用电合同履行产生重大影响的情况。

569. 在D类分布式光伏发用电合同中，乙方配合甲方的事项有哪些?

答：在D类分布式光伏发用电合同中，乙方配合甲方的事项如下：

(1) 乙方应配合做好需求侧管理，落实国家能源方针政策。

(2) 甲方依法进行用电检查，乙方应提供必要方便，并根据检查需要，向甲方提供相应真实资料。

(3) 甲方依据D类分布式光伏发用电合同实施停、限电时，乙方应及时减少、调整或停止用电。

（4）电能计量装置的安装、移动、更换、校验、拆除、加封、启封由甲方负责，乙方应提供必要的方便和配合；安装在乙方处的电能计量装置由乙方妥善保护，如有异常，应及时通知甲方。

570. 在D类分布式光伏发用电合同中，乙方的禁止行为有哪些？

答：在D类分布式光伏发用电合同中，要明确禁止乙方的如下行为：

（1）故意使电能计量装置计量错误。

（2）未经国家有关部门批准，向其他用户供电。

571. 在D类分布式光伏发用电合同中，对乙方的越界操作有何规定？

答：在D类分布式光伏发用电合同中，乙方不得擅自操作甲方、丙方产权范围内的电力设施，但遇到可能危及电网、可能危及用电安全、可能造成人身伤亡或重大设备损坏情形除外。

572. 在D类分布式光伏发用电合同中，应明确乙方在用电中不得实施的行为有哪些？

答：在D类分布式光伏发用电合同中，乙方在用电中不得实施的行为有：

（1）在电价低的供电线路上，擅自接用电价高的用电设备或私自改变用电类别。

（2）私自超过合同约定容量用电。

（3）擅自使用已在甲方处办理暂停手续的电力设备或启用已封存电力设备。

（4）私自迁移、更动和擅自操作甲方的用电计量装置。

（5）擅自引入（供出）电源或将自备应急电源和其他电源并网。

（6）在甲方的供电设施上，擅自接线用电。

（7）绕越甲方用电计量装置用电。

(8) 伪造或者开启甲方加封的用电计量装置封印用电。

(9) 损坏甲方用电计量装置。

(10) 使甲方用电计量装置失准或者失效。

(11) 采取其他方法导致不计量或少计量。

573. 在D类分布式光伏发用电合同中，乙方在减少损失方面有哪些义务?

答：当发生供电质量下降或停电等情形时，在D类分布式光伏发用电合同中应明确乙方应采取合理、可行措施，尽量减少由此导致的损失。

574. 在D类分布式光伏发用电合同中，丙方在电能质量方面有哪些义务?

答：在D类分布式光伏发用电合同中，丙方在电能质量方面的义务是按照D类分布式光伏发用电合同的约定向甲方出售符合国家标准和电力行业标准的电能。在电力系统处于正常运行状况下，供到乙方受电点的电能质量应符合国家规定标准。

575. 在D类分布式光伏发用电合同中，对丙方越界操作是如何规定的?

答：在D类分布式光伏发用电合同中应写明丙方不得擅自操作甲方、乙方产权范围内的电力设施，但当遇到可能危及电网和用电安全、可能造成人身伤亡或重大设备损坏情况时，丙方实施前款行为时，应遵循合理、善意的原则，并及时告知甲、乙方，最大限度地减少损失发生。

576. 在D类分布式光伏发用电合同中，丙方禁止行为有哪些?

答：在D类分布式光伏发用电合同中，必须明确写明：禁止丙方故意使电能计量装置计量错误；未经国家有关部门批准，禁止向除乙方外其他用户供电。

577. 在D类分布式光伏发用电合同中，丙方在事故抢修方面有哪些要求?

答: 因自然灾害等原因出现断电情况的，在D类分布式光伏发用电合同中，应写明要按照国家有关规定及时对产权所属的发电设施进行抢修。

578. 在D类分布式光伏发用电合同中，对甲方、乙方的信息保密，丙方应注意什么?

答: 在D类分布式光伏发用电合同中，应明确对确因发电需要而掌握的甲方、乙方商业秘密，丙方不得公开或泄露。甲、乙方需要保守的商业秘密范围由其另行书面向丙方提出，经协商确定。

579. 在D类分布式光伏发用电合同中，对丙方电能质量共担有哪些要求?

答: 在D类分布式光伏发用电合同中，应明确要求丙方采取积极有效技术措施对影响电能质量的因素实施有效治理，确保将其控制在国家规定电能质量指标限值范围内。如丙方行为影响电网供电质量、威胁电网安全，甲方有权要求丙方限期整改，并在必要时采取有效措施解除对电网安全的上述威胁，丙方应给予充分必要的配合。丙方对电能质量的要求高于国家相关标准的，应自行采取必要技术措施。

580. 在D类分布式光伏发用电合同中，对于丙方有关事项的通知有哪些要求?

答: 如果发生下列事项，在D类分布式光伏发用电合同中，应明确丙方必须及时通知甲方、乙方：

(1) 丙方发生重大安全事故。

(2) 电能质量存在异常。

(3) 电能计量装置计量异常、失压断流记录装置的记录结果发生改变、电能信息采集装置运行异常。

（4）丙方拟对发电设备进行改造或扩建及发电设备运行异常。

（5）丙方拟作资产抵押、重组、转让、经营方式调整、名称变化、发生重大诉讼、仲裁等，可能对本合同履行产生重大影响的。

（6）丙方其他可能对本合同履行产生重大影响的情况。

581. 在D类分布式光伏发用电合同中，对于丙方配合事项有哪些要求？

答：在D类分布式光伏发用电合同中，应明确电能计量装置的安装、移动、更换、校验、拆除、加封、启封由甲方负责，丙方应提供必要的方便和配合；安装在丙方处的电能计量装置由丙方妥善保护，如有异常，应及时通知甲方。

582. 在D类分布式光伏发用电合同中，对于丙方在减少损失方面有哪些要求？

答：在D类分布式光伏发用电合同中，应明确当发生供电质量下降或停电等情形时，丙方应采取合理、可行措施，尽量减少由此导致的损失。

583. 在D类分布式光伏发用电合同履行中发生哪些情况合同可以变更？

答：在D类分布式光伏发用电合同履行中发生下列情况合同可以变更：

（1）当事人名称变更。

（2）供电方式、并网方式改变。

（3）增加或减少受电点、并网点、计量点。

（4）增加或减少发用电容量。

（5）电费计算方式变更。

（6）乙方对供电质量提出特别要求。

（7）产权分界点调整。

（8）违约责任调整。

（9）由于供电能力变化或国家对电力供应与使用管理的政策调整，使订立合同时的依据被修改或取消。

（10）其他需要变更合同的情形。

584. D类分布式光伏发用电合同变更程序是什么？

答：D类分布式光伏发用电合同如需变更，应按以下程序进行：

（1）一方提出合同变更请求，三方协商达成一致。

（2）三方签订《合同事项变更确认书》。

585. 在D类分布式光伏发用电合同中，合同转让有何要求？

答：在D类分布式光伏发用电合同中，应写明未经对方同意，任何一方不得将本合同下的义务转让给第四方。

586. 遇到什么情况，D类分布式光伏发用电合同终止，不影响合同既有债权、债务的处理？

答：合同履行中出现如下情况时，合同终止，不影响合同既有债权、债务的处理。

（1）甲方主体资格丧失或依法宣告破产。

（2）乙方主体资格丧失或依法宣告破产。

（3）丙方主体资格丧失或依法宣告破产。

（4）D类分布式光伏发用电合同依法或依协议解除。

（5）D类分布式光伏发用电合同有效期届满，三方未就合同继续履行达成有效协议。

587. 在D类分布式光伏发用电合同中，遇有什么情况可以解除合同？

答：在D类分布式光伏发用电合同中，遇到三方协商解除合同和合同一方依法行使合同解除权时可以解除合同。

588. 在D类分布式光伏发用电合同中，合同解除有何要求?

答：（1）三方协议解除合同的，应达成书面解除协议，合同效力因解除协议生效而终止。

（2）一方行使合同解除权，应在合同中明确写明提前几天书面通知其余两方。

589. 在D类分布式光伏发用电合同中，甲方的违约责任有哪些?

答：在D类分布式光伏发用电合同中，甲方的违约责任如下：

（1）如果甲方违反D类分布式光伏发用电合同约定，应当按照国家、电力行业标准或D类分布式光伏发用电合同约定予以改正，改正后继续履行合同。

（2）甲方违反D类分布式光伏发用合同中的电能质量义务给乙方造成损失的，应赔偿乙方实际损失，最高赔偿限额是乙方在电能质量不合格的时间段内实际用电量和对应时段的平均电价乘积的20%。

（3）甲方违反D类分布式光伏发用合同约定中止供电给乙方造成损失的，应赔偿乙方实际损失，最高赔偿限额是乙方在中止供电时间内可能用电量电度电费的5倍。D类分布式光伏发用合同中的可能用电量是按照停电前乙方在上月与停电时间对等的同一时间段的平均用电量乘以停电小时求得。

（4）甲方未履行抢修义务而导致乙方损失扩大的，对扩大损失部分参照中止供电给乙方造成损失的原则给予赔偿。

（5）甲方故意使电能计量装置计量错误，造成乙、丙方损失的，退还乙方多承担的用网电费或增补丙方少收取的上网电费。

（6）甲方随电费收取其他不合理的费用，造成乙方损失的，应退还乙方有关费用。

（7）甲方未按约定时限支付乙方上网电量电费，应在合同中写明自逾期之日起，每日按照缓付部分的百分之几支付违约金也应填写在合同中。

590. 在D类分布式光伏发用电合同中，遇到那些情形之一的，甲方不承担违约责任?

答：（1）符合D类分布式光伏发用电合同连续供电的除外情形且甲方履行了必经程序。

（2）电力运行事故引起断路器（开关）跳闸，经自动重合闸装置重合成功。

（3）多电源供电只停其中一路，其他电源仍可满足乙方用电需要的。

（4）乙方未按合同约定安装自备应急电源或采取非电保安措施，或者对自备应急电源和非电保安措施维护管理不当，导致损失扩大部分。

（5）因乙方或第三方的过错行为所导致。

591. 在D类分布式光伏发用电合同中，乙方的违约责任有哪些?

答：在D类分布式光伏发用电合同中，乙方的违约责任如下：

（1）乙方违反D类分布式光伏发用电合同约定义务，应当按照国家、电力行业标准或D类分布式光伏发用电合同约定予以改正，改正后可继续履行D类分布式光伏发用电合同。

（2）由于乙方原因造成甲方对外供电停止或减少的，应当按甲方少供电量乘以上月份平均售电单价给予赔偿；其中，少供电量为停电时间上月份每小时平均供电量乘以停电小时。停电时间不足1h的按1h计算，超过1h的按实际停电时间计算。

（3）因乙方过错给甲、丙方或者其他用户造成财产损失的，乙方应当依法承担赔偿责任。

（4）乙方违反D类分布式光伏发用电合同约定逾期交付电费。

（5）乙方擅自改变用电类别或在电价低的供电线路上，擅自接用电价高的用电设备的。

（6）擅自超过D类分布式光伏发用电合同约定容量用电的。

（7）擅自使用已经办理暂停使用手续的电力设备，或启用已被封停的电力设备的。

(8) 擅自迁移、更动或操作用电计量装置、电力负荷管理装置、擅自操作供电企业的供电设施以及约定由甲方调度的受电设备的。

(9) 擅自引入、供出电源或者将自备电源和其他电源私自并网的。

(10) 擅自在甲、丙方发供电设施上接线用电、绕越用电计量装置用电、伪造或开启已加封的用电计量装置用电，损坏用电计量装置、使用电计量装置不准或失效的。

592. 在D类分布式光伏发用电合同中，乙方有哪些违约行为的还应按合同约定向甲方支付违约金?

答: 在D类分布式光伏发用电合同中，乙方有下列违约行为的应按合同约定向甲方支付违约金:

(1) 乙方违反D类分布式光伏发用电合同约定逾期交付电费，当年欠费部分的每日按欠交额的0.2%、跨年度欠费部分的每日按欠交额的0.3%计付。

(2) 乙方擅自改变用电类别或在电价低的供电线路上，擅自接用电价高的用电设备的，按差额电费的2倍计付违约金，差额电费按实际违约使用日期计算；违约使用起讫日难以确定的，按3个月计算。

(3) 擅自超过D类分布式光伏发用电合同约定容量用电的，属于两部制电价的用户，按3倍私增容量基本电费计付违约金；属单一制电价的用户，按擅自使用或启封设备容量每kW（kVA）50元支付违约金。

(4) 擅自使用已经办理暂停使用手续的电力设备，或启用已被封停的电力设备的，属于两部制电价的用户，按基本电费差额的2倍计付违约金；如属单一制电价的，按擅自使用或启封设备容量每次每kW(kVA)30元支付违约金。

(5) 擅自迁移、更动或操作用电计量装置、电力负荷管理装置、擅自操作供电企业的供电设施以及约定由甲方调度的受电设备的，按每次5000元计付违约金。

(6) 擅自引入、供出电源或者将自备电源和其他电源私自并网的，按引入、供出或并网电源容量的每kW(kVA)500元计付违约金。

(7) 擅自在甲、丙方发供电设施上接线用电、绕越用电计量装置用电、伪造或开启已加封的用电计量装置用电，损坏用电计量装置、使用电计量装置不准或失效的，按补交电费的3倍计付违约金。少计电量时间无法查明时，按180天计算。日使用时间按小时计算，其中，电力用户每日按12h计算，照明用户每日按6h计算。

593. 在D类分布式光伏发用电合同中，发生何种原因，乙方的违约责任可以免除？

答：(1) 不可抗力。

(2) 法律、法规及规章规定的免责情形。

594. 在D类分布式光伏发用电合同中，丙方的违约责任有哪些？

答：在D类分布式光伏发用电合同中，丙方的违约责任如下：

(1) 丙方违反本合同约定义务，应当按照国家、电力行业标准或本合同约定予以改正，并继续履行。

(2) 丙方电能质量达不到国家标准的，应在甲方规定的时间内进行技术改造达到国家标准，否则甲方有权中止上网。

(3) 由于丙方原因造成甲方对外供电停止或减少的，应当按甲方少供电量乘以上月份平均售电单价给予赔偿；其中，少供电量为停电时间上月份每小时平均供电量乘以停电小时。停电时间不足1h的按1h计算，超过1h的按实际停电时间计算。

(4) 因丙方过错给甲、乙方或者其他用户造成财产损失的，丙方应当依法承担赔偿责任。

(5) 丙方未履行抢修义务而导致甲、乙方损失扩大的，对扩大损失部分按甲方少供电量乘以上月份平均售电单价给予赔偿；

其中，少供电量为停电时间上月份每小时平均供电量乘以停电小时。停电时间不足 1h 的按 1h 计算，超过 1h 的按实际停电时间计算。

(6) 丙方故意使电能计量装置计量错误，造成甲方损失的，退还多收取的上网电费。

595. 在 D 类分布式光伏发用电合同中，发生何种原因，丙方的违约责任可以免除？

答：(1) 不可抗力。

(2) 法律、法规及规章规定的免责情形。

596. 在 D 类分布式光伏发用电合同中，合同效力有何规定？

答：D 类分布式光伏发用电合同经三方签署并加盖公章或合同专用章后成立。在合同中要写明合同有效期、起始时间与终止时间。合同有效期届满，三方均未对合同履行提出书面异议，合同效力按 D 类分布式光伏发用电合同有效期重复继续维持。如果合同一方提出异议的，应在合同有效期届满的 15 天前提出。当一方提出异议，经协商后三方达成一致，可重新签订发用电合同。在合同有效期届满后续签的书面合同签订前，D 类分布式光伏发用电合同继续有效。如果一方提出异议，经协商后不能达成一致的，在三方对发用电事宜达成新的书面协议前，D 类分布式光伏发用电合同继续有效。

597. 在执行 D 类分布式光伏发用电合同中，合同方发生争议如何解决？

答：(1) 合同方发生争议时，应首先通过友好协商解决。协商不成的，可采取提请行政主管机关调解、向仲裁机构申请仲裁或者向有管辖权法院提起诉讼等方式予以解决。调解程序并非仲裁、诉讼的必经程序。

(2) 若争议经协商和（或）调解仍无法解决的，在合同中要明确写明采用哪种处理方式。处理方式有仲裁和诉讼两种。在合同中要填写仲裁提交给谁，在合同中要明确写明申请仲裁时该仲裁机构按照有效的仲裁规则进行仲裁。仲裁裁决对三方均有约束力。在合同中还要填写向哪个所在地人民法院提起诉讼。

（3）在争议解决期间，合同中未涉及争议部分的条款仍须履行。

598. D 类分布式光伏发用电合同中规定发出的通知有几种方式？

答：有以下三种方式：

（1）通过邮寄方式发送的，邮寄到相应地址之日为有效送达日。

（2）通过电子邮件形式发送的，由收件人收到之日为有效送达日。

（3）通过传真形式发送的，发出并收到发送成功确认函之日为有效送达日。

599. D 类分布式光伏发用电合同中规定发出的通知有何要求？

答：如果按照三种方式确定的有效送达日在收件人所在地不属于工作日的，则当地收讫日后的第一个工作日为该通知或同意的有效送达日。任何一方均应按 D 类分布式光伏发用电合同约定，向另一方发出通知，变更其接收地址、电子邮箱或传真号码。各方接收的所有通知及同意的地址、传真号码和电子邮箱地址应填写在合同中。根据 D 类分布式光伏发用电合同规定发出的所有通知及同意，应按照合同中填写的地址、电子邮箱或传真号码送达相关方。

600. D 类分布式光伏发用电合同签订分数有何要求？

答：D 类分布式光伏发用电合同应有正本和副本两种，正本合同至少要一式三份，甲方持一份，乙方持一份，丙方持一份。副本合同也至少要一式三份，甲方持一份，乙方持一份，丙方持一份。

601. D类分布式光伏发用电合同附件有哪些内容?

答: D类分布式光伏发用电合同附件包括术语定义、甲乙双方接线及产权分界示意图、乙丙双方接线及产权分界示意图、甲丙双方电费结算协议、甲乙双方电费结算协议、合同事项变更确认书等。

602. D类分布式光伏发用电合同特别约定有何要求?

答: D类分布式光伏发用电合同中的特别约定是对合同其他条款的修改或补充，如有不一致，以特别约定为准。

603. 在D类分布式光伏发用电合同中，如果乙方是政府机关、医疗、交通、通信、工矿企业的有何要求?

答: 在D类分布式光伏发用电合同中，如果乙方为政府机关、医疗、交通、通信、工矿企业，以及选择“重要负荷”“连续性负荷”的，应当选择配备自备应急电源，并采取有效的非电保安措施，以保证发用电安全。

604. D类分布式光伏发用电合同签订基础是什么?

答: D类分布式光伏发用电合同各方是在完全清楚、自愿的基础上签订D类分布式光伏发用电合同。

第五章 分布式电源接入系统设计方案

第一节 总　　则

605. 我国能源资源分布情况如何？

答： 我国的能源资源分布不均衡，太阳能和风能资源在西部地区较为集中，中东部地区则较分散，天然气的使用主要集中在大中城市。

606. 编制分布式电源接入系统典型设计的主要目的是什么？

答： 编制分布式电源接入系统典型设计的主要目的，一是创造分布式电源接入电网便利条件，缩短并网时间，提高分布式电源建设的效率和效益；二是促进分布式电源并网规范化，统一并网技术标准，统一设备规范，保障分布式电源接入电网运行安全；三是节约工程投资，提高综合投资效益，确保分布式电源充分利用，促进分布式电源与电网发展的和谐统一。

607. 典型设计方案编号命名原则是什么？

答：

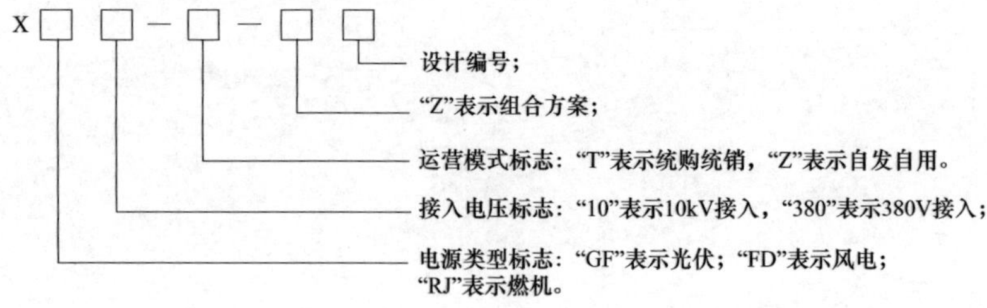
X □ □ — □ — □ □
设计编号；
“Z”表示组合方案；
运营模式标志：“T”表示统购统销，“Z”表示自发自用。
接入电压标志：“10”表示10kV接入，“380”表示380V接入；
电源类型标志：“GF”表示光伏；“FD”表示风电；
“RJ”表示燃机。

第二节 接入公共电网变电站的 10kV 光伏发电站设计

608. 接入公共电网的 10kV 光伏发电站设计原则是什么?

答: 接入公共电网的 10kV 光伏发电站接入系统方案应结合电网规划和分布式电源规划，按照就近分散接入，就地平衡消纳的原则进行设计。

609. 接入公共电网的 10kV 光伏发电站接入容量有何要求?

答: 接入公共电网的 10kV 光伏发电站采用 1 回线路接入公共电网变电站 10kV 母线的，单个并网点参考接入容量一般为1～6MW。

610. 接入公共电网的 10kV 光伏发电站设计方案适应于哪种光伏发电站?

答: 接入公共电网的 10kV 光伏发电站设计方案主要适用于统购统销（接入公共电网）的光伏发电站。

611. 接入公共电网变电站 10kV 光伏发电站一次系统接线示意图如何绘制?

答: 如图 5-1 所示。

612. 接入公共电网的 10kV 光伏发电站设计所遵循的技术规程规范有哪些?

答: 设计所遵循的技术规程规范如下：

（1）《光伏发电站接入电力系统设计规范》(GB/T 50866—2013)；

（2）《光伏发电站接入电力系统技术规定》(GB/T 19964—2012)；

（3）《光伏系统并网技术要求》(GB/T 19939—2005)；

（4）《光伏发电系统接入配电网技术规定》(GB/T 29319—2012)；

（5）《光伏发电站接入电网技术规定》(Q/GDW 617—2012)；

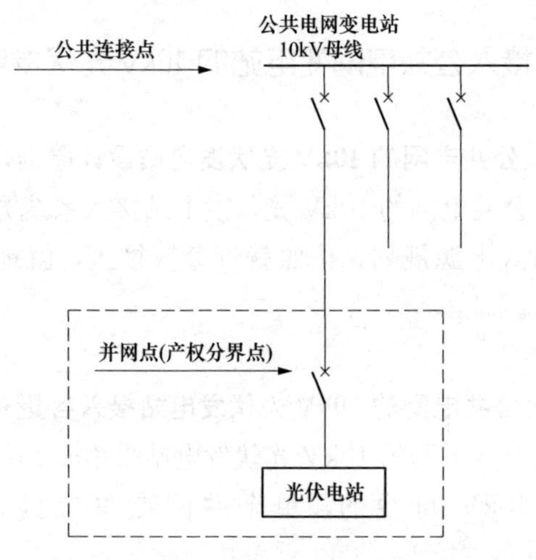

图 5-1　一次系统接线示意图

(6)《分布式电源接入电网技术规定》(Q/GDW 480—2010)；

(7)《配电网规划设计技术导则》(Q/GDW 1738—2012)；

(8)《电力系统安全稳定导则》(DL 755—2001)；

(9)《光伏发电站无功补偿技术规范》(GB/T 29321—2012)；

(10)《继电保护和安全自动装置技术规程》(GB 14285—2006)；

(11)《电力系统调度自动化系统设计内容深度规定》(DL/T 5003—2005)；

(12)《电力系统通信系统设计内容深度规定》(DL/T 5447—2012)。

613. 接入公共电网的 10kV 光伏发电站设计依据有哪些？

答：设计依据有光伏发电站所在《省级电网“十三五”发展规划报告》光伏发电站所在《市级电网“十三五”发展规划》《×××接入公共电网的 10kV 光伏发电站项目可研报告》、×××接入公共电网的 10kV 光伏发电站项目设计合同、×××接入公共电网的 10kV 光伏发电站项目接入电网意见函等。

614. 接入公共电网的10kV光伏发电站电气计算包括几个部分？

答： 接入公共电网的10kV光伏发电站电气计算包括潮流分析、短路电流计算、电能质量分析、无功平衡计算四个部分。

615. 如何进行接入公共电网的10kV光伏发电站的潮流分析？

答： 在设计方案中应明确接入公共电网的10kV光伏发电站项目的计划投产年，项目计划投产年即设计水平年，选择设计水平年有代表性的公共电网变电站正常最大、最小负荷运行方式，检修运行方式，以及事故运行方式进行分析，必要时进行潮流计算，要计算出光伏发电站满发方式下，公共电网变电站输入线路有功潮流数值、接入公共电网变电站升压潮流数值、接入公共电网变电站降压潮流数值。还要计算出光伏发电站停运方式下，接入公共电网变电站输入线路有功潮流数值、接入公共电网变电站升压潮流数值、接入公共电网变电站降压潮流数值。还要绘制光伏发电站满发及停运时周边潮流分布情况图。

616. 如何进行接入公共电网的10kV光伏发电站的短路电流计算？

答： 计算设计水平年系统最大运行方式下，电网公共连接点和光伏电站并网点在光伏发电站接入前后的短路电流，为电网相关厂站及光伏电站的断路器设备选择提供依据，对应于电网相关厂站母线要计算出断路器额定开断电流数值。如果短路电流超标，应提出相应控制措施。当无法确定光伏逆变器具体短路特征参数情况下，可以考虑一定裕度，光伏发电提供的短路电流按照1.5倍额定电流计算。

617. 10kV光伏发电系统向公共电网变电站送出的电能质量需要满足什么要求？

答： 10kV光伏发电系统向公共电网变电站送出的电能质量在

谐波、电压偏差、电压不平衡、电压波动等方面，满足现行国家标准 GB/T 14549—1993《电能质量　公用电网谐波》、GB/T 12325—2008《电能质量　供电电压偏差》、GB/T 15543—2008《电能质量　三相电压不平衡》、GB/T 12326—2008《电能质量　电压波动和闪变》的有关规定。接入公共电网的 10kV 光伏发电站向公共连接点注入的直流电流分量不应超过其交流额定值的 0.5%。

618. 为何要对送入公共电网变电站的 10kV 光伏发电系统电能质量提出标准要求？

答：因为光伏发电系统出力具有波动性和间歇性，光伏发电系统需通过逆变器将太阳能电池方阵输出的直流转换成交流供给负荷使用。由于光伏发电系统含有大量的电力电子设备，接入公共电网会对当地电网的谐波、电压偏差、电压波动、电压不平衡度和直流分量等电能质量方面产生一定的影响，因此为了保证向负荷提供的电力安全可靠，要求光伏发电系统引起的各项电能质量指标应该符合相关标准的规定。

619. 接入公共电网的 10kV 光伏发电站接入公用电网的谐波电压限值有何要求？

答：接入公共电网的 10kV 光伏发电站接入电网后，公共连接点的谐波电压应满足 GB/T 14549—1993《电能质量　公共电网谐波》的规定，公用电网的谐波电压限值见表 5-1。

表 5-1　　公用电网谐波电压限值

电网标称电压（kV）	电压总畸变率（%）	各次谐波电压含有率（%）	
		奇次	偶次
0.38	5.0	4.0	2.0
10	4.0	3.2	1.6

620. 接入公共电网的10kV光伏发电站注入公共连接点的谐波电流允许值有何要求?

答: 接入公共电网的10kV光伏发电站接入电网后，公共连接点处的总谐波电流分量（均方根）应满足GB/T 14549—1993《电能质量 公共电网谐波》的规定，其中光伏发电站向电网注入的谐波电流允许值按此光伏发电站安装容量与其公共连接点的供电设备容量之比进行分配。光伏发电站注入公共连接点的谐波电流允许值见表5-2。

表5-2 注入公共连接点的谐波电流允许值

标准电压（kV）	基准短路容量（MVA）	谐波次数及谐波电流允许值（A）											
		2	3	4	5	6	7	8	9	10	11	12	13
0.38	10	78	62	39	62	26	44	19	21	16	28	13	24
10	100	26	20	13	20	8.5	15	6.4	6.8	5.1	9.3	4.3	7.9
标准电压（kV）	基准短路容量（MVA）	谐波次数及谐波电流允许值（A）											
		14	15	16	17	18	19	20	21	22	23	24	25
0.38	10	11	12	9.7	18	8.6	16	7.8	8.9	7.1	14	6.5	12
10	100	3.7	4.1	3.2	6	2.8	5.4	2.6	2.9	2.3	4.5	2.1	4.1

621. 接入公共电网的10kV光伏发电站接入电网后，公共连接点的电压偏差有何要求?

答: 接入公共电网的10kV光伏发电站接入电网后，公共连接点的电压偏差应满足GB/T 12325—2008《电能质量 供电电压偏差》的规定，10kV三相供电电压偏差为标称电压的±7%。

622. 接入公共电网的10kV光伏发电站接入电网后，公共连接点的电压波动有何要求?

答: 接入公共电网的10kV光伏发电站接入电网后，公共连接点的电压波动应满足GB/T 12326—2008《电能质量 电压波动和闪变》的规定。对于光伏发电站出力变化引起的电压变动，其频

度可以按照 $1<r\leqslant10$（每小时变动的次数在 10 次以内）考虑，因此光伏发电站以 10kV 接入时引起的公共连接点电压变动最大不得超过 3%。

623. 接入公共电网的 10kV 光伏发电站接入电网后，公共连接点的电压不平衡度有何要求？

答：接入公共电网的 10kV 光伏发电站接入电网后，公共连接点的三相电压不平衡度应不超过 GB/T 15543—2008《电能质量　三相电压不平衡》规定的限值，公共连接点的负序电压不平衡度应不超过 2%，短时不得超过 4%；其中由光伏发电站引起的负序电压不平衡度应不超过 1.3%，短时不超过 2.6%。

624. 接入公共电网的 10kV 光伏发电站向公共连接点注入的直流电流分量有何要求？

答：接入公共电网的 10kV 光伏发电站向公共连接点注入的直流电流分量不应超过其交流额定值的 0.5%。

625. 公共连接点的电压异常值为多少时停止向电网线路送电？

答：公共连接点的电压异常时的响应特性按照表 5-3 要求的时间停止向电网线路送电，此要求适用于三相电压中的任何一相电压。

表 5-3　　光伏电站在电网电压异常时的响应要求

并网点电压 U	最大分闸时间
$U<0.5U_N$	0.1s
$0.5U_N\leqslant U<0.85U_N$	2.0s
$0.85U_N\leqslant U\leqslant1.1U_N$	连续运行
$1.1U_N<U<1.35U_N$	2.0s
$1.35U_N\leqslant U$	0.05s

注　1. U_N 为光伏电站并网点的电网标称电压。

2. 最大分闸时间是指异常状态发生到逆变器停止向电网送电的时间。

626. 并网点考核电压在何种情况下允许分布式电源退出?

答: 通过10kV电压等级接入公共电网的非光伏类分布式电源，应具备以下低电压穿越能力，当并网点考核电压在图5-2中电压轮廓线及以上的区域内时，分布式电源应该保持并网运行状态；否则，允许分布式电源退出。接入用户侧的分布式电源不要求具备低电压穿越能力。

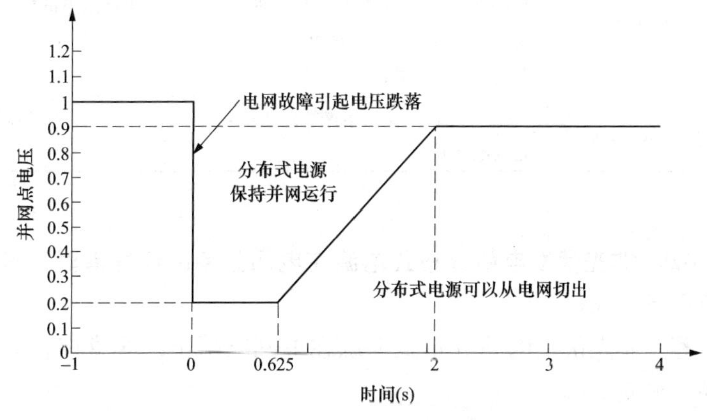

图5-2 分布式电源低电压穿越要求

627. 分布式电源低电压穿越考核电压是如何规定的?

答: 分布式电源低电压穿越考核电压是按照故障类型按表5-4进行确定的。

表5-4 分布式电源低电压穿越考核电压

故障类型	考核电压
三相短路故障	并网点线电压
两相短路故障	并网点线电压
单相接地短路故障	并网点相电压

628. 光伏发电站在电网频率出现异常时的运行要求是什么?

答: 光伏发电站在电网频率出现异常时的运行要求见表5-5。

表 5-5　　光伏电站在电网频率异常时的响应要求

频率范围	运行要求
低于 48Hz	根据光伏电站逆变器允许运行的最低频率或电网要求而定
48～49.5Hz	每次低于 49.5Hz 时要求至少能运行 10min
49.5～50.2Hz	连续运行
50.2～50.5Hz	每次频率高于 50.2Hz 时，光伏电站应具备能够连续运行 2min 的能力，同时具备 0.2s 内停止向电网线路送电的能力，实际运行时间由电力调度部门决定；此时不允许处于停运状态的光伏电站并网
高于 50.5Hz	在 0.2s 内停止向电网线路送电，且不允许处于停运状态的光伏电站并网

629. 非光伏发电站分布式电源在电网频率出现异常时，对其有何运行要求？

答：非光伏发电站分布式电源在电网频率出现异常时，其运行要求见表 5-6。

表 5-6　　分布式电源的频率响应时间要求

频率范围	要　求
＜48Hz	变流器类型分布式电源根据变流器允许运行的最低频率或电网调度机构要求而定；同步发电机类型、异步发电机类型分布式电源每次运行时间一般不少于 60s，有特殊要求时，可在满足电网安全稳定运行的前提下做适当调整
48Hz≤f＜49.5Hz	每次低于 49.5Hz 时要求至少能运行 10min
49.5Hz≤f≤50.2Hz	连续运行
50.2Hz＜f≤50.5Hz	频率高于 50.2Hz 时，分布式电源应具备降低有功输出的能力，实际运行可由电网调度机构决定；此时不允许处于停运状态的分布式电源并入电网
f＞50.5Hz	立刻终止向电网线路送电，且不允许处于停运状态的分布式电源并网

630. 接入公共电网的10kV光伏发电站的无功平衡计算原则是什么？

答：接入公共电网的10kV光伏发电站的无功平衡计算原则如下：

（1）接入公共电网的10kV光伏发电站的无功功率和电压调节能力应满足相关标准的要求，选择合理的无功补偿措施。

（2）接入公共电网的10kV光伏发电站无功补偿容量的计算，应充分考虑逆变器功率因数、汇集线路、变压器和送出线路的无功损失等因素。

（3）通过10kV电压等级并网的光伏发电系统功率因数应实现0.95（超前）至0.95（滞后）范围内连续可调。

（4）接入公共电网的10kV光伏发电站配置的无功补偿装置类型、容量及安装位置应结合光伏发电系统实际接入情况确定，必要时安装动态无功补偿装置。

631. 接入公共电网的10kV光伏发电站的接线方式有几种？

答：接入公共电网的10kV光伏发电站的接线方式可采用线路变压器组、单母线接线两种接线方式。

632. 10kV光伏发电升压站主变压器如何选择？

答：10kV光伏发电升压站主变压器容量宜采用315、400、500、630、800、1000、1250kVA单台变压器或多台变压器组合而成。10kV光伏发电升压站变压器电压等级为10/0.4kV，变压器短路阻抗满足GB/T 17468《电力变压器选用导则》、GB/T 6451《油浸式电力变压器技术参数和要求》等规定的要求。

633. 接入公共电网的10kV光伏发电站送出线路导线截面的选择应遵循什么原则？

答：接入公共电网的10kV光伏发电站送出线路导线截面的选择应遵循如下原则：

（1）接入公共电网的10kV光伏发电站送出线路导线截面选择

要根据所需送出的光伏容量、并网电压等级选取，并考虑光伏发电效率等因素。

（2）接入公共电网的 10kV 光伏发电站送出线路导线截面一般按线路持续极限输送容量选择。

（3）10kV 架空线可选用 70、150、185mm^2 等截面。

（4）10kV 电缆可选用 70、185、240、300mm^2 等截面。

634. 接入公共电网的 10kV 光伏发电站断路器型式选择应遵循什么原则?

答： 接入公共电网的 10kV 光伏发电站断路器型式选择应根据短路电流水平选择断路器开断能力，并需留有一定裕度，10kV 断路器一般宜采用 20kA 或 25kA。

635. 通常接入公共电网的 10kV 光伏发电站送出架空线路的载流量与导线截面是如何对应的?

答： 接入公共电网的 10kV 光伏发电站送出架空线路的载流量与导线截面对应见表 5-7。

表 5-7　架空绝缘导线截流量

型号	JKLYJ					
电压	10kV					
芯数	单芯			三芯		
导体	铜芯	铝芯	铝合金	铜芯	铝芯	铝合金
截面（mm^2）	载流量（A）（不受太阳照射）					
70	315	245	230	250	195	185
95	380	300	280	305	240	225
120	445	350	330	355	280	260
150	510	400	375	405	315	300
185	585	460	435	465	370	345
240	695	550	515	550	435	410

续表

截面（mm²）	载流量（A）（直接受太阳照射）					
70	285	225	210	210	165	155
95	350	275	260	255	200	190
120	405	320	300	295	235	220
150	465	365	345	340	265	250
185	535	420	395	390	310	290
240	635	500	470	460	365	345
工作温度	90℃					
环境温度	40℃					

636. 接入公共电网的 10kV 光伏发电站电气主接线图一般有几种？

答：有两种，如图 5-3 和图 5-4 所示。

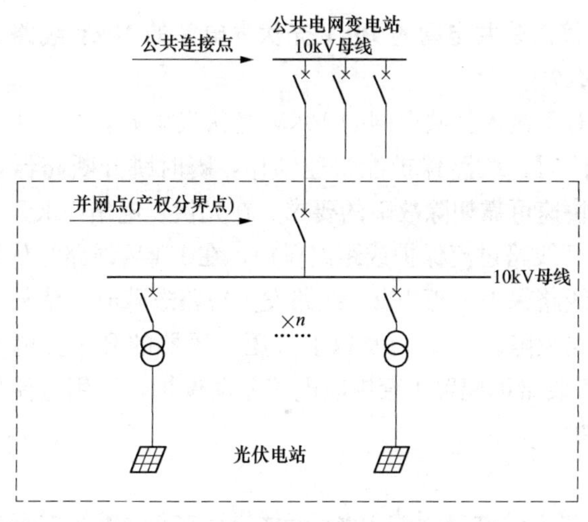

图 5-3 电气主接线图（方案一）

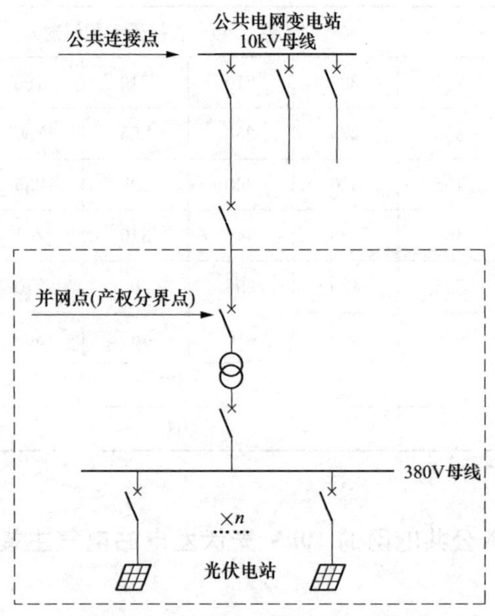

图 5-4　电气主接线图（方案二）

637. 接入公共电网的 10kV 光伏发电站的 10kV 线路保护配置原则是什么？

答：对于接入公共电网的 10kV 光伏发电站，当 10kV 线路发生短路故障时，线路保护能快速动作，瞬时跳开断路器，满足全线故障时快速可靠切除故障的要求。在光伏发电站 10kV 线路系统侧配置 1 套线路过流保护或距离保护，在 10kV 线路光伏发电站侧无需配置线路保护，当 10kV 线路发生短路故障时，依靠系统侧保护切除线路故障。对 2 台及以上升压变压器的升压变电站或汇集站，10kV 线路可配置 1 套纵联电流差动保护，采用过流保护作为其后备保护。

638. 接入公共电网的 10kV 光伏发电站的 10kV 线路保护技术要求有哪些？

答：接入公共电网的 10kV 光伏发电站的 10kV 线路保护技术

要求如下：

（1）线路保护应适用于系统一次特性和电气主接线的要求。保护装置应具有良好的滤波功能，具有抗干扰和抗谐波的能力。在系统投切变压器、静止补偿装置、电容器等设备时，保护不应误动作。

（2）当系统没有发生故障、系统外部没有发生故障、系统没有发生故障转换、系统操作等情况下10kV线路保护不应误动。

（3）在线路发生振荡时保护不应误动，振荡过程中再故障时，线路保护应可靠动作，确保切除故障。

（4）线路主保护整组动作时间不大于20ms（不包括通道传输时间），返回时间不大于30ms（从故障切除到保护出口接点返回）。

（5）在空载、轻载、满载等各种情况下，被保护线路发生金属性和非金属性的各种故障时，线路保护应能正确动作。

（6）手动合闸或重合于故障线路上时，保护应能瞬时可靠三相跳开断路器。手动合闸或重合于没有故障线路时，保护应可靠不动作。

（7）10kV线路两侧纵联保护配置与选型应相互对应，保护的软件版本应完全一致。

639. 接入公共电网的10kV光伏发电站，何种情况下不用配置母线保护？

答：对于接入公共电网的10kV光伏发电站，若光伏发电站侧为线路变压器组接线，经升压变压器后直接输出，没有母线也不用配置母线保护。

640. 接入公共电网的10kV光伏发电站的母线保护的配置原则是什么？

答：设置10kV母线的光伏发电站的母线保护的配置原则是

10kV 母线保护配置应与 10kV 线路保护统筹考虑。当系统侧配置线路过流或距离保护时，光伏发电站侧可不配置母线保护，仅由变电站侧线路保护切除故障；当线路两侧配置线路纵联电流差动保护时，光伏发电站侧宜相应配置保护装置，快速切除母线故障；在光伏发电站时限允许时，也可仅靠各进线的后备保护切除故障。

641. 接入公共电网的 10kV 光伏发电站的 10kV 母线保护技术要求有哪些?

答: 对于接入公共电网的 10kV 光伏发电站，其 10kV 母线保护的技术要求是：母线保护接线应能满足系统一次接线的要求；母线保护不应受电流互感器暂态饱和的影响而发生误动作，并应允许使用不同变比的电流互感器；母线保护不应因母线故障时流出母线的短路电流影响而拒动。

642. 在接入公共电网的 10kV 光伏发电站中，对于防孤岛检测有何要求?

答: 在接入公共电网的 10kV 光伏发电站中，光伏发电站逆变器必须具备快速监测孤岛且监测到孤岛后具有立即断开与电网连接的能力，满足三个配合的要求，即：光伏发电站防孤岛方案与继电保护配置相配合，时间上互相匹配；光伏发电站防孤岛方案与安全自动装置配置，时间上互相匹配；光伏发电站防孤岛方案与低电压穿越相配合，时间上互相匹配。

643. 在接入公共电网的 10kV 光伏发电站中，安全自动装置应满足什么要求?

答: 在接入公共电网的 10kV 光伏发电站中，光伏发电站侧装设的安全自动装置，应能满足当系统频率和电压出现异常时具备紧急控制功能，跳开光伏发电站侧断路器。

644. 在接入公共电网的10kV光伏发电站中，何种情况下不用配置安全自动装置？

答： 若光伏发电站侧10kV线路保护具备失压跳闸及低压闭锁合闸功能，可以实现按U_N（失压跳闸定值宜整定为$20\%U_N$、0.5s）实现解列，在接入公共电网的10kV光伏发电站中，就可以不配置独立的安全自动装置。

645. 10kV线路系统侧变电站的10kV线路保护有何要求？

答： 对于10kV线路系统侧变电站（即公共电网变电站），需要校验系统侧变电站的相关的线路保护是否满足光伏发电站的接入要求。若能满足接入的要求，以书面文字说明即可；若不能满足光伏发电站接入方案的要求，则系统侧变电站需要做相关的线路保护配置调整方案。

646. 10kV线路系统侧变电站的10kV母线保护有何要求？

答： 对于10kV线路系统侧变电站（即公共电网变电站），需要校验系统侧变电站的10kV母线保护是否满足光伏发电站接入方案的要求。若能满足接入的要求，以书面文字说明即可；若不能满足光伏发电站接入方案的要求，则系统侧变电站需要重新配置母线保护。

647. 10kV线路系统侧变电站的自动装置有何要求？

答： 对于10kV线路系统侧变电站（即公共电网变电站），需核实变电站侧备用电源自投装置方案、相关线路的重合闸方案，要求根据防孤岛检测方案，提出调整方案。光伏发电站线路接入公共电网变电站后，备用电源自投装置动作时间必须能躲过光伏发电站防孤岛检测动作时间。10kV公共电网线路投入自动重合闸时，应校核重合闸时间。

648. 对于系统继电保护使用的互感器有何要求？

答： 针对电气一次设备，系统继电保护应使用专用的电流互感器和电压互感器的二次绕组，电流互感器准确级宜采用5P级和10P级，电压互感器准确级宜采用0.9级和3P级。

649. 对系统继电保护及安全自动装置的通信要求是什么？

答：对系统继电保护及安全自动装置要求是能提供足够的可靠信号传输通道。

650. 对10kV光伏发电站的直流电源有何要求？

答：10kV光伏发电站内需具备直流电源和UPS电源，供新配置的继电保护装置、测控装置、电能质量在线监测装置等设备使用。

651. 系统继电保护及安全自动装置配置有几种？

答：有以下三种：

(1) 10kV光伏发电站一次接线为线路变压器组，二次配置安全自动装置。

(2) 10kV光伏发电站一次接线为单母线，二次配置安全自动装置和母线保护。

(3) 10kV光伏发电站一次接线为单母线，二次配置安全自动装置、母线保护和光纤电流差动保护。

652. 画出10kV光伏发电站一次接线为线路变压器，二次配置安全自动装置（方案1）的接线配置图。

答：如图5-5所示。

653. 10kV光伏发电站一次接线为线路变压器，二次配置安全自动装置（方案1）的配置表有哪些内容？

答：10kV光伏发电站一次接线为线路变压器，二次配置安全自动装置（方案1）的配置表见表5-8。

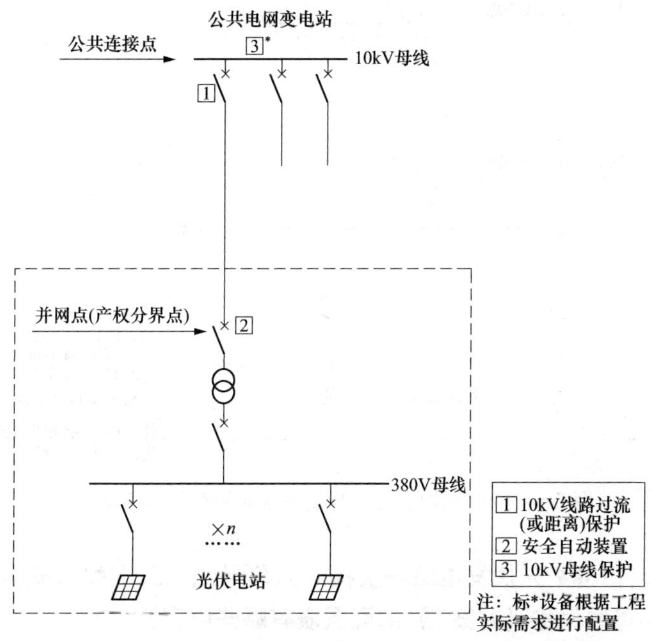

图 5-5 继电保护及安全自动装置配置（方案 1）

表 5-8 继电保护及安全自动系统配置清单（方案 1）

厂站	设备名称	型号及规格	数量	备注
光伏电站	安全自动装置		1套	
变电站	过流保护（或距离保护）		1套	
	母线保护*		1套	

注 标“*”设备根据工程实际需求进行配置。

654. 画出 10kV 光伏发电站一次接线为单母线，二次配置安全自动装置和母线保护（方案 2）接线配置图。

答：如图 5-6 所示。

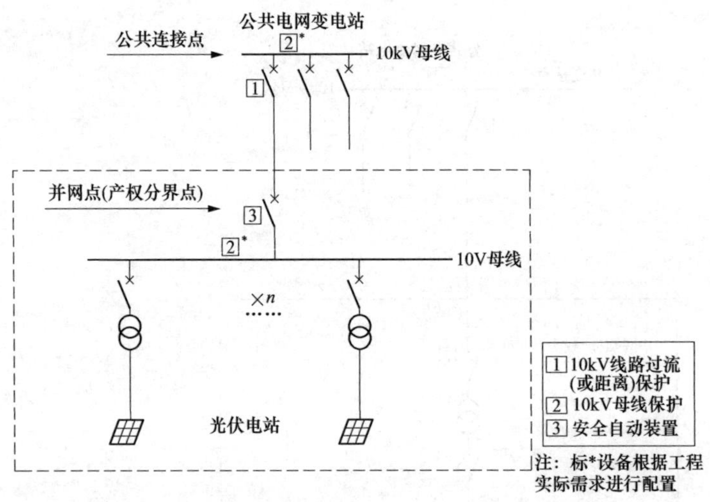

图 5-6　继电保护及安全自动系统装置配置（方案 2）

655. 10kV 光伏发电站一次接线为单母线，二次配置安全自动装置和母线保护（方案 2）的配置表有哪些内容?

答：10kV 光伏发电站一次接线为单母线，二次配置安全自动装置和母线保护（方案 2）的配置表见表 5-9。

表 5-9　继电保护及安全自动系统配置清单（方案 2）

厂站	设备名称	型号及规格	数量	备注
光伏电站	安全自动装置		1套	
	母线保护*		1套	
变电站	过流保护（或距离保护）		1套	
	母线保护*		1套	

注　标“*”设备根据工程实际需求进行配置。

656. 画出 10kV 光伏发电站一次接线为单母线，二次配置安全自动装置、母线保护和光纤电流差动保护（方案 3）接线配置图。

答：如图 5-7 所示。

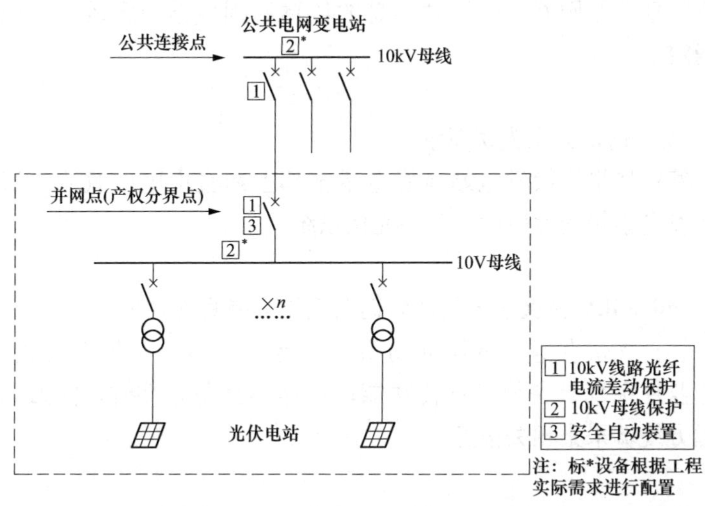

图 5-7 继电保护及安全自动系统装置配置（方案 3）

657. 10kV 光伏发电站一次接线为单母线，二次配置安全自动装置、母线保护和光纤电流差动保护（方案 3）的配置表有哪些内容？

答：10kV 光伏发电站一次接线为单母线，二次配置安全自动装置、母线保护和光纤电流差动保护（方案 3）的配置表见表 5-7。

表 5-10 继电保护及安全自动系统配置清单（方案 3）

厂站	设备名称	型号及规格	数量	备注
光伏电站	光纤电流差动保护		1 套	
	安全自动装置		1 套	
	母线保护*		1 套	
变电站	光纤电流差动保护		1 套	
	母线保护*		1 套	

注 标“*”设备根据工程实际需求进行配置。

658. 10kV 光伏发电站的调度管理关系如何确定？

答：调度管理关系应根据相关电力系统调度管理规定、调度管理范围划分原则确定。远动信息的传输原则根据调度运行管理关系确定。

659. 何谓公用光伏系统？

答：如果光伏发电站所发电量全部上网且由电网收购，那么光伏发电系统的性质就是公用光伏系统。

660. 10kV 光伏发电站本体远动系统具有哪些功能？

答：光伏发电站本体远动系统功能宜由本体监控系统集成，本体监控系统具备信息远传功能；本体不具备条件时，应独立配置远方终端采集相关信息。

661. 10kV 光伏发电站本体配置的监控系统有何要求？

答：光伏发电站监控系统实时采集并网运行信息能上传至相关电网调度部门；配置的远程遥控装置，应能接收、执行调度端远方控制解并列、启停和发电功率的指令。

662. 10kV 光伏发电站监控系统实时采集并网运行信息包括哪些内容？

答：光伏发电站监控系统实时采集并网运行信息主要包括并网点断路器状态、并网点电压和电流、光伏发电系统有功功率和无功功率、光伏发电量等。

663. 10kV 光伏发电站远动系统有几种？

答：有以下两种：

（1）光伏发电站本体配置监控系统，具备远动功能，有关光伏发电站本体的信息采集和处理由监控系统来完成，该监控系统配置单套用于信息远传的远动通信服务器。

（2）单独配置技术先进、易于灵活配置的 RTU（单套远动主机配置），需具备遥测、遥信、遥控、遥调及网络通信等功能，实时采集并网运行信息。

664. 10kV 光伏发电站有功功率控制系统有何要求?

答: 光伏发电站远动通信服务器需具备与控制系统的接口,接受调度部门的指令,具体调节方案由调度部门根据运行方式确定。光伏发电站有功功率控制系统应能够接收并自动执行电网调度部门发送的有功功率及有功功率变化的控制指令,确保光伏发电站有功功率及有功功率变化符合电力调度部门的要求。

665. 10kV 光伏发电站无功电压控制系统有何要求?

答: 10kV 光伏发电站无功电压控制系统应能根据电力调度部门指令,自动调节其发出(或吸收)的无功功率,控制并网点电压在正常运行范围内,其调节速度和控制精度应能满足电力系统电压调节的要求。

666. 10kV 光伏发电站计量电能表安装位置有何要求?

答: 10kV 光伏发电站应在产权分界点设置关口计量电能表,计量电能表安装位置最终要按照用户与业主计量协议为准,安装的关口计量电能表要同型号、同规格、准确度相同且主、副电能表各一套。主、副表要有明确标志。

667. 10kV 光伏发电站电能计量装置有哪些技术要求?

答: 10kV 光伏发电站电能计量装置的配置和技术要求应符合 DL/T 448 和 DL/T 614 的要求。电能表采用静止式多功能电能表,至少应具备双向有功和四象限无功计量功能、事件记录功能,配有标准通信接口,具备本地通信和通过电能信息采集终端远程通信的功能,电能表通信协议符合 DL/T 645。10kV 关口计量电能表精度要求不低于 0.5S 级,并且要求相关电流互感器、电压互感器的精度需分别达到 0.2S、0.2 级。

668. 10kV 光伏发电站计量信息的传输有何要求?

答: 配置计量终端服务器 1 台,计费表采集信息通过计量终端服务器接入计费主站系统（电费计量信息）和光伏发电管理部门（政府部门或政府指定部门）电能信息采集系统（电价补偿计量信息）；电价补偿计量信息也可由计费主站系统统一收集后，转发光伏发电管理部门。

669. 10kV 光伏发电站电能质量监测装置有何要求？

答：需要在 10kV 光伏发电站并网点装设满足 GB/T 19862《电能质量监测设备通用要求》标准要求的 A 类电能质量在线监测装置一套。监测电能质量参数，包括电压、频率、谐波、功率因数等，电能质量在线监测数据需上传至相关主管机构。

670. 系统变电站调度管理关系有何要求？

答：10kV 光伏发电站接入系统变电站后，变电站调度管理关系不变。但要配置相应的测控装置，采集光伏发电站线路的相关信息，并接入系统变电站现有监控系统。

671. 10kV 光伏发电站向电网调度机构提供的信号有哪些？

答：10kV 光伏发电站向电网调度机构提供的信号至少应该包括以下内容：

（1）10kV 光伏发电站并网状态；

（2）10kV 光伏发电站有功和无功输出、发电量、功率因数；

（3）并网点 10kV 光伏发电站升压变压器 10kV 侧电压和频率；

（4）并网点 10kV 光伏发电站注入电网的电流；

（5）10kV 光伏发电站主断路器开关状态等。

672. 10kV 光伏发电站接入系统变电站后应增加哪些遥测量？

答：新增遥测量为 10kV 线路的有功、无功功率、有功电度及电流。

673. 10kV 光伏发电站接入系统变电站后应增加哪些遥信量？

答：新增遥信量为 10kV 线路断路器位置信号和 10kV 线路主保护动作信号。

674. 为保证光伏发电站内计算机监控系统的安全稳定可靠运行，对纵向安全防护有何要求？

答：为保证光伏发电站内计算机监控系统的安全稳定可靠运行，在控制区的各应用系统接入电力调度数据网前应加装 IP 认证加密装置，非控制区的各应用系统接入电力调度数据网前应加装防火墙。

675. 为保证光伏发电站内计算机监控系统的安全稳定可靠运行，对横向安全防护有何要求？

答：为保证光伏发电站内计算机监控系统的安全稳定可靠运行，在控制区和非控制区的各应用系统之间宜采用 MPLS VPN 技术体制，划分为控制区 VPN 和非控制区 VPN。若采用电力数据网接入方式，需相应配置 1 套纵向 IP 认证加密装置和 1 套硬件防火墙。

第三节　接入公共电网开关站、配电室或箱式变电站的 10kV 光伏发电站设计

676. 接入公共电网开关站、配电室或箱式变电站的 10kV 光伏发电站设计原则是什么？

答：接入公共电网开关站、配电室或箱式变电站的 10kV 光伏发电站设计原则要按照就近分散接入，就地平衡消纳的原则，结合电网规划、分布式电源规划进行统筹设计。

677. 接入公共电网开关站、配电室或箱式变电站的 10kV 光伏发电站容量是多少？

答：接入公共电网开关站、配电室或箱式变电站的 10kV 光伏

发电站容量一般为 400kW～6MW 之间。

678. 接入公共电网开关站、配电室或箱式变电站的 10kV 光伏发电站一次系统接线示意图如何绘制？

答： 如图 5-8 所示。

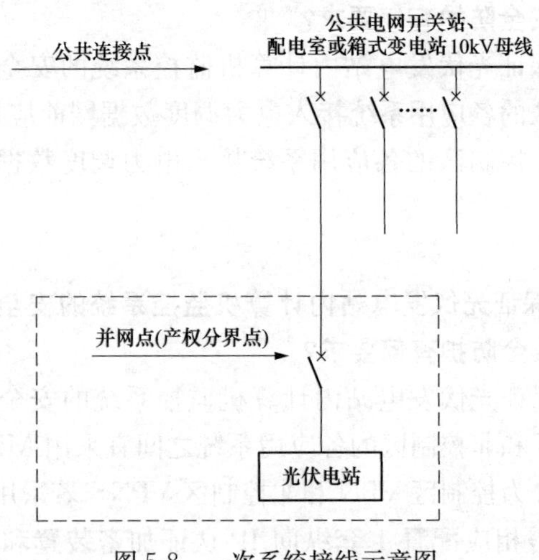

图 5-8　一次系统接线示意图

679. 接入公共电网开关站、配电室或箱式变电站的 10kV 光伏发电站如何进行潮流分析？

答： 在编写接入公共电网开关站、配电室或箱式变电站的 10kV 光伏发电站设计方案时应对设计水平年有代表性的正常最大、最小负荷运行方式，检修运行方式以及事故运行方式进行分析，必要时进行潮流计算。

680. 接入公共电网开关站、配电室或箱式变电站的 10kV 光伏发电站其短路电流计算如何进行？

答： 计算设计水平年系统最大运行方式下，电网公共连接点和光伏电站并网点在光伏发电站接入前后的短路电流，为电网相关厂站及光伏电站的开关设备选择提供依据。如短路电流超标，应提出相应控制措施。当无法确定光伏逆变器具体短路特征参数情况下，考虑一定裕度，光伏发电提供的短路电流按照 1.5 倍额定电流计算。

681. 接入公共电网开关站、配电室或箱式变电站的 10kV 光伏发电站其送出电能质量应满足什么要求？

答：接入公共电网开关站、配电室或箱式变电站的 10kV 光伏发电站向当地交流负荷提供电能质量和向电网送出的电能质量，在谐波、电压偏差、三相电压不平衡、电压波动等方面，满足现行国家标准 GB/T 14549—1993《电能质量　公用电网谐波》、GB/T 12325—2008《电能质量　供电电压偏差》、GB/T 15543—2008《电能质量　三相电压不平衡》、GB/T 12326—2008《电能质量　电压波动和闪变》的有关规定。10kV 光伏发电站向公共连接点注入的直流电流分量不应超过其交流额定值的 0.5%。

682. 接入公共电网开关站、配电室或箱式变电站的 10kV 光伏发电站的无功平衡计算原则是什么？

答：10kV 光伏发电站应选择合理的无功补偿措施，10kV 光伏发电站无功补偿容量的计算，应充分考虑逆变器功率因数、汇集线路、变压器和送出线路的无功损失等因素，光伏发电站的无功功率和电压调节能力应满足相关标准的要求。通过 10kV 电压等级并网的光伏发电站功率因数应能在 0.95（超前）至 0.95（滞后）范围内连续可调。10kV 光伏发电站配置的无功补偿装置类型、容量及安装位置应结合光伏发电站实际接入情况确定，必要时安装动态无功补偿装置。

683. 接入公共电网开关站、配电室或箱式变电站的 10kV 光伏发电站的接线方式有几种？

答：接入公共电网开关站、配电室或箱式变电站的 10kV 光伏发电站接线方式可采用线路变压器组、单母线接线两种接线方式。

684. 10kV光伏发电升压站主变压器如何选择?

答: 10kV光伏发电升压站主变压器容量宜采用315、400、500、630、800、1000、1250kVA单台变压器或多台变压器组合而成。10kV光伏发电升压站变压器电压等级为10/0.4kV,变压器短路阻抗满足GB/T 17468《电力变压器选用导则》、GB/T 6451《油浸式电力变压器技术参数和要求》等规定的要求。

685. 接入公共电网开关站、配电室或箱式变电站的10kV光伏发电站送出线路导线截面的选择应遵循什么原则?

答: 接入公共电网开关站、配电室或箱式变电站的10kV光伏发电站送出线路导线截面的选择应遵循如下原则:

(1) 接入公共电网开关站、配电室或箱式变电站的10kV光伏发电站送出线路导线截面选择要根据所需送出的光伏容量、并网电压等级选取,并考虑光伏发电效率等因素。

(2) 接入公共电网开关站、配电室或箱式变电站的10kV光伏发电站送出线路导线截面一般按线路持续极限输送容量选择。

(3) 10kV架空线可选用70、150、185mm^2等截面。

(4) 10kV电缆可选用70、185、240、300mm^2等截面。

686. 接入公共电网开关站、配电室或箱式变电站的10kV光伏发电站断路器型式选择应遵循什么原则?

答: 接入公共电网开关站、配电室或箱式变电站的10kV光伏发电站断路器型式选择应根据短路电流水平选择断路器开断能力,并需留有一定裕度,10kV断路器一般宜采用20kA或25kA。

687. 为什么要对接入公共电网开关站、配电室或箱式变电站的10kV光伏发电站的电能质量提出要求?

答: 由于10kV光伏发电站含有大量的电力电子设备,因此接入公共电网开关站、配电室或箱式变电站的10kV光伏发电站时其出力具有波动性和间歇性。此外10kV光伏发电站通过逆变器将太阳能电池方阵输出的直流转换成交流供给电力负荷使用，当接入公共电网开关站、配电室或箱式变电站时，在谐波、电压偏差、电压波动、电压不平衡度和直流分量等方面会对当地电网产生一定的影响。为了能够向电力负荷提供可靠的电力，由10kV光伏发电站引起的各项电能质量指标应该符合相关标准的规定。

688. 接入公共电网开关站、配电室或箱式变电站的10kV光伏发电站对其电压波动有何要求?

答：接入公共电网开关站、配电室或箱式变电站的10kV光伏发电站，其公共连接点的电压波动应满足GB/T 12326—2008《电能质量　电压波动和闪变》的规定。对于光伏发电站出力变化引起的电压变动，其频度可以按照$1<r\leqslant 10$（每小时变动的次数在10次以内）考虑，因此光伏发电站以10kV接入时引起的公共连接点电压变动最大不得超过3%。

689. 接入公共电网开关站、配电室或箱式变电站的10kV光伏发电站接入电网后，公共连接点的电压不平衡度有何要求?

答：接入公共电网开关站、配电室或箱式变电站的10kV光伏发电站接入电网后，公共连接点的三相电压不平衡度应不超过GB/T 15543—2008《电能质量　三相电压不平衡》规定的限值，公共连接点的负序电压不平衡度应不超过2%，短时不得超过4%；其中由光伏发电站引起的负序电压不平衡度应不超过1.3%，短时不超过2.6%。

690. 接入公共电网开关站、配电室或箱式变电站的10kV光伏发电站向公共连接点注入的直流电流分量有何要求?

答：接入公共电网开关站、配电室或箱式变电站的10kV光伏发电站向公共连接点注入的直流电流分量不应超过其交流额定值的0.5%。

691. 接入公共电网开关站、配电室或箱式变电站的 10kV 线路保护配置原则有哪些?

答: 接入公共电网开关站、配电室或箱式变电站的 10kV 线路保护配置原则是当光伏电站线路发生短路故障时，线路保护能快速动作，瞬时跳开相应并网点断路器，满足全线故障时快速可靠切除故障的要求。专线接入公网 10kV 母线时，10kV 线路在系统侧配置 1 套线路过流保护或距离保护，光伏电站侧可不配线路保护，靠系统侧切除线路故障。

692. 接入公共电网开关站、配电室或箱式变电站的 10kV 线路保护有哪些技术要求?

答: 对接入公共电网开关站、配电室或箱式变电站的 10kV 线路保护的技术要求如下:

(1) 10kV 线路保护应适用于系统一次特性和电气主接线的要求。

(2) 被保护线路在空载、轻载、满载等各种工况下，发生金属性和非金属性的各种故障时，10kV 线路保护应能正确动作。

(3) 系统无故障、无外部故障、无故障转换、无功率突然倒向以及系统操作等情况下 10kV 线路保护不应误动。

(4) 在本线路发生振荡时 10kV 线路保护不应误动，振荡过程中再发生故障时，10kV 线路保护应保证可靠切除故障。

(5) 主保护整组动作时间不大于 20ms (不包括通道传输时间)，返回时间不大于 30ms (从故障切除到保护出口接点返回)。

(6) 手动合闸或重合于故障线路上时，10kV 线路保护应能可靠瞬时三相跳闸。手动合闸或重合于无故障线路时，10kV 线路保护应可靠不动作。

(7) 10kV 线路保护装置应具有良好的滤波功能，具有抗干扰和抗谐波的能力。在系统投切变压器、静止补偿装置、电容器等设备时，10kV线路保护不应误动作。

693. 接入公共电网开关站、配电室或箱式变电站的10kV母线保护配置原则有哪些?

答: 若光伏电站侧为线变组接线，经升压变后直接输出，不配置母线保护。对于设置10kV母线的光伏电站，10kV母线保护配置应与10kV线路保护统筹考虑。当系统侧配置线路过流或距离保护时，光伏电站侧可不配置母线保护，仅由变电站侧线路保护切除故障；当线路两侧配置线路纵联电流差动保护时，光伏电站侧宜相应配置保护装置，快速切除母线故障；在光伏电站时限允许时，也可仅靠各进线的后备保护切除故障。

694. 接入公共电网开关站、配电室或箱式变电站的10kV母线保护配置技术要求有哪些?

答: 对接入公共电网开关站、配电室或箱式变电站的10kV母线保护接线应能满足最终一次接线的要求。10kV母线保护应具有比率制动特性，以提高安全性。10kV母线保护不应受电流互感器暂态饱和的影响而发生不正确动作，并应允许使用不同变比的电流互感器。10kV母线保护不应因母线故障时流出母线的短路电流影响而拒动。

695. 接入公共电网开关站、配电室或箱式变电站的防孤岛检测及安全自动装置有何要求?

答: 应在10kV光伏电站侧装设安全自动装置，实现频率电压异常时紧急跳开光伏电站侧断路器。若光伏电站侧10kV线路保护具备失压跳闸及低压闭锁合闸功能，也可不配置独立的安全自动装置。10kV光伏电站逆变器必须具备快速监测孤岛的功能，当监测到孤岛后应具备立即断开与电网连接的能力。其防孤岛方案应与继电保护配置、安全自动装置配置和低电压穿越等相配合，且时间上互相匹配。

696. 系统侧公共电网开关站、配电室或箱式变电站的继电保护有何要求？

答：校验系统侧开关站、配电室或箱式变电站的相关保护应满足 10kV 光伏电站接入要求。若能满足接入的要求，予以说明即可。若不能满足光伏电站接入方案的要求，则系统侧开关站、配电室或箱式变电站需要做相关保护配置方案。

697. 系统侧公共电网开关站、配电室或箱式变电站的安全自动装置动作时间有何要求？

答：应核实系统侧开关站、配电室或箱式变电站备自投方案、相关线路的重合闸方案，根据防孤岛检测方案，提出调整方案。10kV 光伏电站接入开关站、配电室或箱式变电站后，备自投动作时间须躲过 10kV 光伏电站防孤岛检测动作时间，要求线路重合闸动作时间需躲过安全自动装置动作时间。

第四节　接入公共电网配电箱的 380V 光伏发电站设计

698. 接入公共电网配电箱的 380V 光伏发电站容量是多少？

答：如果采用 1 回线路将分布式光伏电站接入公共电网配电箱或直接 T 接于线路时，建议接入容量不大于 100kW。8kW 及以下分布式光伏电站可单相接入公共电网。

699. 如何进行接入公共电网配电箱的 380V 光伏发电站的潮流分析？

答：应对设计水平年有代表性的正常最大、最小负荷运行方式，检修运行方式，以及事故运行方式进行分析，必要时进行潮流计算。

700. 如何进行接入公共电网配电箱的380V光伏发电站的短路电流计算?

答: 计算设计水平年系统最大运行方式下，电网公共连接点和光伏电站并网点在光伏电站接入前后的短路电流，为电网相关厂站及光伏电站的开关设备选择提供依据。如短路电流超标，应提出相应控制措施。当无法确定光伏逆变器具体短路特征参数情况下，考虑一定裕度，光伏发电提供的短路电流按照1.5倍额定电流计算。

701. 接入公共电网配电箱的380V光伏发电站，其送出电能质量需要满足什么要求?

答: 接入公共电网配电箱的380V光伏发电站送出的电能质量在谐波、电压偏差、电压不平衡、电压波动等方面，满足现行国家标准GB/T 14549—1993《电能质量 公用电网谐波》、GB/T 12325—2008《电能质量 供电电压偏差》、GB/T 15543—2008《电能质量 三相电压不平衡》、GB/T 12326—2008《电能质量 电压波动和闪变》的有关规定。接入公共电网配电箱的380V光伏发电站向公共连接点注入的直流电流分量不应超过其交流额定值的0.5%。

702. 对接入公共电网配电箱的380V光伏发电站的无功平衡要满足什么要求?

答: 接入公共电网配电箱的380V光伏发电站应保证并网点处功率因数在0.98（超前）至0.98（滞后）范围内。

703. 接入公共电网配电箱的380V光伏发电站主接线有几种?

答: 接入公共电网配电箱的380V光伏发电站主接线可采用单元接线或单母线接线两种形式。

704. 接入公共电网配电箱的380V光伏发电站送出线路导线截面如何选择?

答: 接入公共电网配电箱的380V光伏发电站送出线路导线截面应按照以下原则进行选择:

(1) 380V 光伏发电站送出线路电缆截面的选择要按照送出的光伏容量、并网电压等级选取，还要考虑到光伏发电站发电效率等因素。

(2) 380V 光伏电站送出线路电缆截面一般按电缆允许载流量选择，电缆可选用 120、240mm^2 等截面。

705. 接入公共电网配电箱的 380V 光伏发电站其断路器型式如何选择?

答: 接入公共电网配电箱的 380V 光伏发电站其断路器型式应选用微型、塑壳式断路器，根据短路电流水平选择断路器开断能力，对于选择的断路器要留有一定裕度，且断路器应具备电源端与负荷端反接能力。

706. 如何绘制接入公共电网配电箱的 380V 光伏发电站电气主接线图?

答: 接入公共电网配电箱的 380V 光伏发电站电气主接线图如图 5-9 所示。

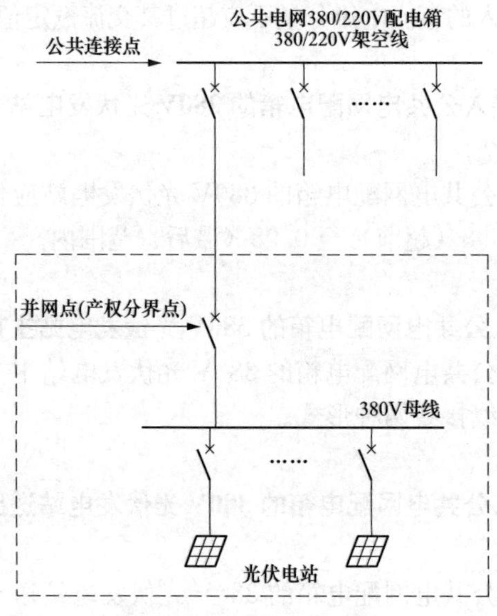

图 5-9　电气主接线图

707. 为何要对接入公共电网配电箱的380V光伏发电站电能质量提出要求?

答: 由于380V光伏发电站出力具有波动性和间歇性，另外光伏发电系统通过逆变器将太阳能电池方阵输出的直流转换交流供负荷使用，含有大量的电力电子设备，接入配电网会对当地电网的电能质量产生一定的影响，包括谐波、电压偏差、电压波动、电压不平衡度和直流分量等方面。为了能够向负荷提供可靠的电力，由光伏发电系统引起的各项电能质量指标应该符合相关标准的规定。

708. 对接入公共电网配电箱的380V光伏发电站谐波有何要求?

答: 380V光伏发电站接入电网后，公共连接点的谐波电压应满足GB/T 14549—1993《电能质量　公共电网谐波》的规定。光伏电站接入电网后，公共连接点处的总谐波电流分量（均方根）应满足GB/T 14549—1993《电能质量　公共电网谐波》的规定，其中380V光伏发电站向电网注入的谐波电流允许值按此光伏电站安装容量与其公共连接点的供电设备容量之比进行分配。

709. 对接入公共电网配电箱的380V光伏发电站电压偏差有何要求?

答: 接入公共电网的380V光伏发电站，其公共连接点的电压偏差应满足GB/T 12325—2008《电能质量　供电电压偏差》的规定:

（1）380V三相供电电压偏差为标称电压的±7%。

（2）220V单相供电电压偏差为标称电压的+7%、−10%。

710. 对接入公共电网配电箱的380V光伏发电站电压波动有何要求?

答: 接入公共电网的380V光伏发电站，其公共连接点的电压波动应满足GB/T 12326—2008《电能质量　电压波动和闪变》的规定。对于光伏电站出力变化引起的电压变动，其频度可以按照 $1<r\leqslant10$（每小时变动的次数在10次以内）考虑，因此380V光伏电站接入引起的公共连接点电压变动最大不得超过3%。

711. 对接入公共电网配电箱的380V光伏发电站电压不平衡度有何要求？

答：380V光伏电站接入电网后，公共连接点的三相电压不平衡度应不超过GB/T 15543—2008《电能质量 三相电压不平衡》规定的限值，公共连接点的负序电压不平衡度应不超过2%，短时不得超过4%；其中由光伏电站引起的负序电压不平衡度应不超过1.3%，短时不超过2.6%。

712. 对接入公共电网配电箱的380V光伏发电站直流分量有何要求？

答：380V光伏电站向公共连接点注入的直流电流分量不应超过其交流额定值的0.5%。

713. 接入公共电网的380V光伏发电站线路保护如何配置？

答：接入公共电网的380V光伏发电站并网点及公共连接点的断路器应具备短路瞬时、长延时保护功能和分励脱扣、欠压脱扣功能，当线路发生短路故障时，线路保护能快速动作，瞬时跳开断路器，满足全线故障时快速可靠切除故障的要求，断路器还应具备反映故障及运行状态辅助触点。

714. 接入公共电网的380V光伏发电站是否配置母线保护？

答：接入公共电网的380V光伏发电站不配置母线保护。

715. 对接入公共电网的380V光伏发电站防孤岛检测及安全自动装置有何要求？

答：380V电压等级并网点不配置防孤岛检测及安全自动装置。光伏电站采用具备防孤岛能力的逆变器。逆变器必须具备快速监测孤岛且监测到孤岛后立即断开与电网连接的能力，其防孤岛检测装置配置方案应与继电保护配置、安全自动装置配置和低电压穿越等相配合，时间上互相匹配。

716. 对接入公共电网的 380V 光伏发电站电能计量装置安装位置有何要求？

答：电能计量关口点应设在产权分界点，最终按用户与业主供用电合同中的计量协议为准。

717. 对接入公共电网 380V 光伏发电站电能计量装置的技术要求有哪些？

答：在计费关口点应按照单表设置，电能表精度要求不低于1.0级，且要求有关电流互感器、电压互感器的精度应分别达到0.5S、0.5级。

电能表采用静止式多功能电能表，应具备双向有功、四象限无功计量功能、事件记录功能，还应具备电流、电压、电量等信息采集和三相电流不平衡监测功能，装置应配有标准通信接口，具备本地通信和通过电能信息采集终端远程通信的功能，电能表通信协议符合 DL/T 645。

计量表采集信息应分别接入电网管理部门和光伏发电管理部门（政府部门或政府指定部门）电能信息采集系统，作为电能量计量和电价补贴依据。

第五节　接入系统的感应电机型风力发电设计

718. 10kV 接入公共电网变电站的风力发电容量是多少？

答：接入公共电网变电站 10kV 母线的，且采用 1 回线路的分布式风力发电接入容量应控制在 1～6MW 之间。

719. 10kV 专线接入公共电网变电站 10kV 母线一次系统接线图如何绘制？

答：如图 5-10 所示。

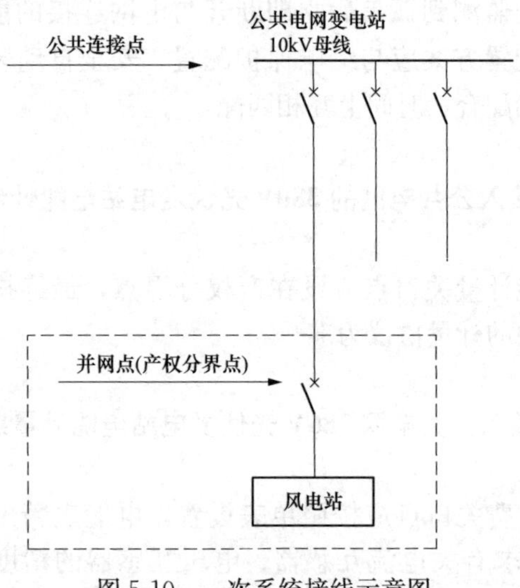

图 5-10　一次系统接线示意图

720. 接入公共电网变电站的 10kV 风力发电站如何进行潮流分析?

答: 在编写接入公共电网的 10kV 风力发电站设计方案时应对设计水平年有代表性的正常最大、最小负荷运行方式，检修运行方式，以及事故运行方式进行分析，必要时进行潮流计算。

721. 接入公共电网变电站的 10kV 风力发电站如何进行短路电流计算?

答: 计算设计水平年系统最大运行方式下，电网公共连接点和风力发电站并网点在风力发电站接入前后的短路电流，为电网相关厂站及风力发电站的开关设备选择提供依据。如短路电流超标，应提出相应控制措施。

722. 10kV 接入公共电网变电站的风力发电无功平衡有何要求?

答: 10kV 接入公共电网变电站的风力发电系统的无功功率和电压调节能力应满足相关标准的要求，选择合理的无功补偿措施。功率因数应实现 0.98（超前）至 0.98（滞后）范围内连续可调。风力发电站配置的无功补偿装置类型、容量及安装位置应结合风力发电系统实际接入情况确定，必要时安装动态无功补偿装置。

723. 10kV 接入公共电网变电站的风力发电送出线路导线截面如何选择?

答：风力发电站送出线路导线截面选择应根据所需送出的风电容量、并网电压等级和风机发电效率等因素综合考虑。风力发电站送出线路导线截面一般按线路持续极限输送容量进行选择。10kV 架空线可选用 70、150、185mm^{2}等截面，10kV 电缆可选用 70、185、240、300mm^{2}等截面。

724. 10kV 接入公共电网变电站的风力发电接线方式有几种?

答：10kV 接入公共电网变电站的风力发电接线方式有线路变压器组、单母线接线两种接线方式。

725. 接入公共电网变电站的 10kV 风力发电站断路器型式选择应遵循什么原则?

答：接入公共电网变电站的 10kV 风力发电站断路器型式选择应根据短路电流水平选择断路器开断能力，并需留有一定裕度，10kV 断路器一般宜采用 20kA 或 25kA。

726. 为什么对接入公共电网变电站的 10kV 风力发电站电能质量提出达标要求?

答：接入公共电网变电站的 10kV 风力发电站，由于其风力发电系统出力具有波动性和间歇性，接入配电网会对当地电网的电能质量产生一定的影响，包括谐波、电压偏差、电压波动、电压不平衡度、闪变等方面，为了能够向负荷提供可靠的电力，由风力发电系统引起的各项电能质量指标应该符合相关标准的规定。

727. 接入公共电网变电站的10kV风力发电站的谐波有何技术要求?

答: 对于接入公共电网变电站的10kV风力发电站，其公共连接点的谐波电压应满足GB/T 14549—1993《电能质量　公共电网谐波》的规定。风力发电站接入电网后，公共连接点处的总谐波电流分量（均方根）应满足GB/T 14549—1993《电能质量　公共电网谐波》的规定。其中风力发电站向电网注入的谐波电流允许值按此风力发电站装机容量与其公共连接点的供电设备容量之比进行分配。

728. 接入公共电网变电站的10kV风力发电站的电压偏差有何技术要求?

答: 对于接入公共电网变电站的10kV风力发电站，其公共连接点的电压偏差应满足GB/T 12325—2008《电能质量　供电电压偏差》的规定，10kV三相供电电压偏差为标称电压的±7%。

729. 接入公共电网变电站的10kV风力发电站的电压波动有何技术要求?

答: 对于接入公共电网变电站的10kV风力发电站，其公共连接点的电压波动应满足GB/T 12326—2008《电能质量　电压波动和闪变》的规定。对于风力发电站出力变化引起的电压变动，其频度可以按照$1<r\leqslant 10$（每小时变动的次数在10次以内）考虑，因此风力发电站以10kV接入时引起的公共连接点电压变动最大不得超过3%。

730. 接入公共电网变电站的10kV风力发电站的电压不平衡度有何技术要求?

答: 接入公共电网变电站的10kV风力发电站，公共连接点的三相电压不平衡度应不超过GB/T 15543—2008《电能质量　三相电压不平衡》规定的限值，公共连接点的负序电压不平衡度应不超过2%，短时不得超过4%；其中由风力发电站引起的负序电压不平衡度应不超过1.3%，短时不超过2.6%。

731. 接入公共电网变电站的10kV风力发电站的闪变有何技术要求？

答：接入公共电网变电站的10kV风力发电站的接入的公共连接点的闪变干扰允许值应满足GB/T 12326－2008《电能质量 电压波动和闪变》的要求，其中风力发电站引起的长时间闪变值（Plt）和短时间闪变值（Pst）按照风电场装机容量与公共连接点上的干扰源总容量之比进行分配，或按照与电网企业协商的方法进行分配。

732. 接入风力发电站的公共电网变电站，其一次设备清单有哪些？

答：接入风力发电站的公共电网变电站，其一次设备清单见表5-11。

表5-11 一次设备清单

	设备名称	型号及规格	数量	备注
公共电网变电站	10kV开关柜（含TV）*		1	
送出线路	10kV架空线或电缆（含敷设方式）		按需	

注 标*设备根据工程实际需求进行配置。

733. 接入公共电网变电站的风力发电站，其10kV送出线路保护配置原则是什么？

答：对于接入公共电网变电站的风力发电站，10kV风力发电站送出线路保护配置要适应系统一次特性和电气主接线的要求。当风力发电站10kV送出线路发生短路故障时，电网侧保护应能快速动作，瞬时跳开断路器，满足全线故障时快速可靠切除故障的要求。在10kV线路两侧各配置1套线路方向过流保护或距离保护。对于两台及以上升压变压器的升压变电站或汇集站，10kV线路可配置1套纵联电流差动保护，可采用方向过流保护作为其后备保护，线路两侧纵联保护配置与选型应相互对应，保护的软件版本应完全一致。

734. 接入公共电网变电站的风力发电站，对 10kV 送出线路保护装置动作有哪些要求？

答：对于接入公共电网变电站的风力发电站，在 10kV 风力发电站送出线路空载、轻载、满载等情况下，当线路发生各种短路故障时，10kV 送出线路保护装置应能正确动作。当系统无故障、无外部故障、无故障转换以及系统操作等情况下 10kV 送出线路保护装置不应误动作。

在 10kV 送出线路发生振荡时 10kV 送出线路保护装置不应误动，振荡过程中再发生故障时，10kV 送出线路保护装置应保证可靠切除故障。10kV 送出线路保护装置应具有良好的滤波功能，具有抗干扰和抗谐波的能力。在系统投切变压器、静止补偿装置、电容器等设备时，保护装置不应误动作。手动合闸于故障线路上时，保护装置应能可靠瞬时三相跳闸，手动合闸于无故障线路时保护装置应可靠不动作。

735. 接入公共电网变电站的风力发电站，对 10kV 送出线路保护装置动作时限有哪些要求？

答：对于接入公共电网变电站的风力发电站，主保护整组动作时间不大于 20ms（不包括通道传输时间），返回时间不大于 30ms（从故障切除到保护出口接点返回）。

736. 接入公共电网变电站的风力发电站，对母线保护配置原则有哪些要求？

答：对于接入公共电网变电站的风力发电站，风力发电站设置的 10kV 母线保护配置应与 10kV 线路保护统筹考虑，当母线故障时，一般情况下可利用母线上线路、变压器等支路保护切除故障，当线路保护不能满足母线保护需要时，应配备独立的母线保护。

737. 接入公共电网变电站的风力发电站，对母线保护技术要求有哪些？

答：对于接入公共电网变电站的风力发电站，风力发电站设置的10kV母线保护接线应能满足最终一次接线的要求，以杜绝当母线发生故障时，因流出母线的短路电流影响到母线保护产生拒动。

738. 接入公共电网变电站的风力发电站，对其安全自动装置的要求有哪些？

答：对于接入公共电网变电站的风力发电站，其风力发电站侧安全自动装置应能实现频率电压异常紧急控制功能，跳开风力发电站侧断路器。若风力发电站侧10kV线路保护具备失压跳闸及低压闭锁合闸功能，可采用U_N（失压跳闸定值宜整定为20%U_N、0.5s）实现解列，此时可不配置独立的安全自动装置。

739. 风力发电站接入公共电网变电站（系统侧变电站）后，对系统侧变电站的线路保护装置有哪些要求？

答：接入风力发电站的公共电网变电站，需要校验系统侧变电站的相关的线路保护是否满足风力发电站接入要求。若能满足接入的要求，予以说明即可；若不能满足风力发电站接入方案的要求，则系统侧变电站需要做相关的线路保护配置方案。

740. 风力发电站接入公共电网变电站（系统侧变电站）后，对系统侧变电站的母线保护装置有哪些要求？

答：接入风力发电站的公共电网变电站，需要校验系统侧变电站的母线保护是否满足风力发电站接入方案的要求。若能满足接入的要求，予以说明即可；若不能满足风力发电站接入方案的要求，则系统侧变电站需要配置母线保护。

741. 风力发电站接入公共电网变电站（系统侧变电站）后，对系统侧变电站的自动装置有哪些要求？

答：接入风力发电站的公共电网变电站，变电站侧若已配置低频、低压减负荷等自动装置，可以满足风力发电站线路接入要求，予以说明即可。若不能满足风力发电站接入方案的要求，则系统侧变电站需要进行相应配置。需核实变电站侧备自投方案、相关线路的重合闸方案，提出调整要求。

742. 不设置 10kV 母线的风力发电站，其 10kV 线路保护和自动装置配置方案如何?

答：对于不设置 10kV 母线的风力发电站，其 10kV 线路保护和自动装置配置方案如图 5-11 所示。

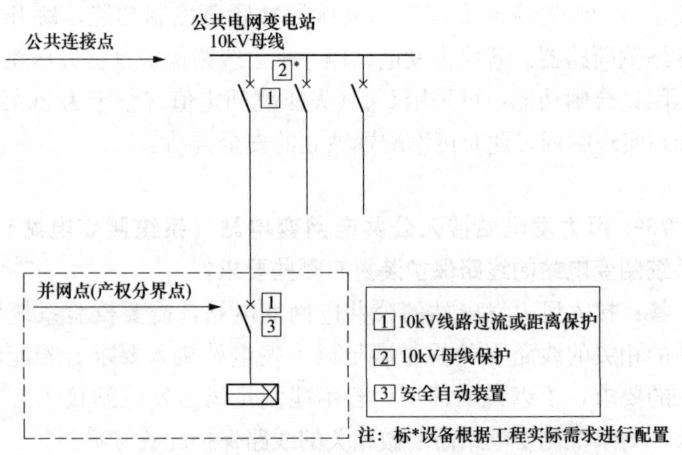

图 5-11　10kV 线路保护和自动装置配置方案（方案 1）

743. 设置 10kV 母线的风力发电站，其 10kV 线路保护和自动装置配置方案如何?

答：对于不设置 10kV 母线的风力发电站，其 10kV 线路保护和自动装置配置方案如图 5-12 所示。

744. 不设置 10kV 母线的风力发电站，其 10kV 线路保护和自动装置如何配置?

答：对于不设置 10kV 母线的风力发电站，其 10kV 线路保护和自动装置配置见表 5-12。

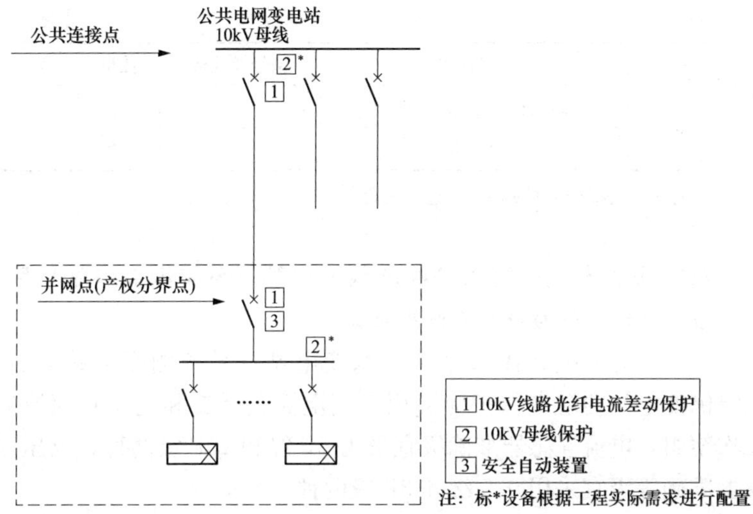

图 5-12 10kV 线路保护和自动装置配置方案（方案 2）

表 5-12 10kV 线路保护和自动装置配置清单（方案 1）

厂站	设备名称	型号及规格	数量	备注
分布式风电	安全自动装置		1套	
	方向过流保护（或距离保护）		1套	
变电站	方向过流保护（或距离保护）		1套	
	母线保护*		1套	

注 标*设备根据工程实际需求进行配置。

745. 设置 10kV 母线的风力发电站，其 10kV 线路保护和自动装置如何配置？

答：对于不设置 10kV 母线的风力发电站，其 10kV 线路保护和自动装置配置见表 5-13。

表 5-13 10kV 线路保护和自动装置配置清单（方案 2）

厂站	设备名称	型号及规格	数量	备注
分布式风电	线路光纤电流差动保护		1套	
	过流保护		1套	
	安全自动装置		1套	

续表

厂站	设备名称	型号及规格	数量	备注
变电站	线路光纤电流差动保护		1套	
	母线保护*		1套	

注　标*设备根据工程实际需求进行配置。

746. 风力发电站接入公共电网变电站（系统侧变电站）后，对系统侧变电站的互感器有哪些要求？

答：风力发电站接入公共电网变电站（系统侧变电站）后，系统侧变电站的继电保护应使用专用电流互感器和电压互感器的二次绕组，电流互感器准确级宜采用5P级和10P级两种，电压互感器准确等级宜采用0.5级和3P级两种。

747. 风力发电站接入公共电网变电站（系统侧变电站）后，对系统侧变电站的通信有哪些要求？

答：风力发电站接入公共电网变电站（系统侧变电站）后，系统侧变电站装置的通信装置应满足为系统侧变电站继电保护及安全自动装置提供足够的可靠信号传输通道。

748. 接入公共电网变电站的风力发电站，对其直流电源和UPS电源有哪些要求？

答：风力发电站内应具备可靠的直流电源和UPS电源，供新配置的继电保护装置、测控装置、电能质量在线监测装置等设备使用。

749. 已经具备远动功能的风力发电站本体配置有监控系统，其远动技术要求是什么？

答：对于风力发电站本体配置的监控系统已经具备远动功能的，风力发电站本体的信息采集和处理由监控系统来完成。该监控系统配置单套用于信息远传的远动通信服务器，风力发电站监控系统实时采集并网运行信息，这些信息主要包括并网点开关状态、并网点电压和电流、风力发电系统有功功率和无功功率、风力发电量等，并上传至相关电网调度部门；配置远程遥控装置的分布式风机，应能接收、执行调度端远方控制解并列、启停和发电功率的指令。

750. 单独配置 RTU 的风力发电站，其远动技术要求是什么？

答： 对于风力发电站，如果单独配置技术先进、易于灵活配置的 RTU（单套远动主机配置），其远动技术要求是具备遥测、遥信、遥控、遥调及网络通信等功能，实时采集并网运行信息，这些信息主要包括并网点开关状态、并网点电压和电流、风力发电系统有功功率和无功功率、风力发电量等，并上传至相关电网调度部门；配置远程遥控装置的分布式风机，应能接收、执行调度端远方控制解并列、启停和发电功率的指令。

751. 风力发电站的有功功率控制有何要求？

答： 风力发电站远动通信服务器要留有与控制系统的接口，为接受调度部门的指令做好通道准备，有功功率的调节方案由调度部门根据运行方式确定。风力发电站有功功率控制系统应能够接收并自动执行电网调度部门发出的有功功率及有功功率变化的控制指令，确保风力发电站有功功率及有功功率变化按照电力调度部门的要求运行。

752. 风力发电站的无功电压控制有何要求？

答： 风力发电站远动通信服务器要留有与控制系统的接口，为接受调度部门的指令做好通道准备，风力发电站无功电压控制系统应能根据电力调度部门指令，自动调节其发出（或吸收）无功功率、吸收无功功率，控制并网点电压在正常运行范围内，其调节速度和控制精度应能满足电力系统电压调节的要求。

753. 风力发电站电能计量装置的安装有何要求？

答： 对于风力发电站电能计量装置，应在产权分界点设置关口计量电能表（最终按用户与业主计量协议为准），设置主计量电能表一块，副计量电能表一块。要求主、副计量电能表同型号、同规格且准确度相同，并有明确的标志。

754. 风力发电站电能计量装置有何技术要求?

答: 电能计量装置技术要求应符合 DL/T 448 和 DL/T 614 的规程要求。对于风力发电站，其电能计量装置应采用静止式多功能电能表，至少应具备双向有功和四象限无功计量功能、事件记录功能。电能计量装置应配有标准通信接口，具备本地通信和通过电能信息采集终端远程通信的功能，电能表通信协议符合 DL/T 645。10kV 计量电能表精度要求不低于 0.5S 级，并且要求有关电流互感器、电压互感器的精度需分别达到 0.2S、0.2 级。

755. 感应电机型风力发电站，关口计量电能表有哪两个作用?

答: 对于感应电机型风力发电站，关口计量电能表既是上、下网关口计量电能表同时也可用做并网电能表。

756. 风力发电站的电能质量监测装置有何要求?

答: 需要在并网点装设满足 GB/T 19862《电能质量监测设备通用要求》的 A 类电能质量在线监测装置一套，监测电压、频率、谐波、功率因数等电能质量参数，电能质量在线监测数据需上传至相关主管机构。

757. 风力发电站向电网调度机构提供的信号有哪些?

答: 风力发电站向电网调度机构提供的信号至少应该包括：风力发电站并网状态信号、风力发电站有功输出、风力发电站无功输出、风力发电站发电量、风力发电站功率因数、并网点风力发电站升压变 10kV 侧电压、并网点风力发电站升压变 10kV 侧频率、注入电网的电流、变压器分接头档位、断路器开关状态等。

758. 对于系统变电站新增的遥信、遥测信号有哪些？

答：（1）对于系统变电站新增的遥信信号有：10kV 线路断路器位置信号、10kV 线路主保护动作信号。

（2）对于系统变电站新增的遥测信号有：10kV 线路的有功、无功功率、有功电度及电流信号。

759. 对风力发电站内计算机监控系统的二次安全防护的基本原则是什么？

答：为保证风力发电站内计算机监控系统的安全稳定可靠运行，防止站内计算机监控系统因网络黑客攻击而引起电网故障，二次安全防护应按照“安全分区、网络专用、横向隔离、纵向认证”的基本原则，配置站内二次系统安全防护设备。

760. 对风力发电站内计算机监控系统纵向安全防护有何要求？

答：纵向安全防护的要求是控制区的各应用系统接入电力调度数据网前应加装 IP 认证加密装置，非控制区的各应用系统接入电力调度数据网前应加装防火墙。

761. 对风力发电站内计算机监控系统横向安全防护有何要求？

答：横向安全防护的要求是控制区和非控制区的各应用系统之间宜采用 MPLS VPN 技术体制，划分为控制区 VPN 和非控制区 VPN。若采用电力数据网接入方式，需相应配置 1 套纵向 IP 认证加密装置和 1 套硬件防火墙。

第六章

安全设施

第一节　变电部分

762. 何谓安全设施？

答：人们在生产经营活动中将危险因素、有害因素控制在安全范围内以及预防、减少、消除危害所设置的安全标志、设备标志、安全警示线、安全防护设施等的统称。

763. 何谓安全色？

答：安全色即传递安全信息含义的颜色。

764. 安全色有几种？

答：安全色有红、蓝、黄、绿四种颜色。

765. 红色传递什么信息？

答：红色传递禁止、停止、危险或提示消防设备、设施的信息。

766. 蓝色传递什么信息？

答：蓝色传递必须遵守规定的指令性信息。

767. 黄色传递什么信息？

答：黄色传递注意、警告的信息。

768. 绿色传递什么信息？

答：绿色传递表示安全的提示性信息。

769. 何谓对比色?

答: 使安全色更加醒目的反衬色。

770. 对比色有几种颜色?

答: 对比色有黑、白两种颜色。

771. 对比色中黑色的用途是什么?

答: 对比色中黑色用于安全标志的文字、图形符号和警告标志的几何边框。

772. 对比色中白色的用途是什么?

答: 对比色中白色作为安全标志红、蓝、绿的背景，也可用于安全标志的文字和图形符号。

773. 安全色与对比色同时使用时，有何要求?

答: 安全色与对比色同时使用时，应按照表 6-1 搭配使用。安全色与对比色的相间条纹为等宽条纹，倾斜约 45°。

表 6-1　　安全色的对比色

安全色	对比色
红色	白色
蓝色	白色
黄色	黑色
绿色	白色

774. 红色与白色搭配使用时代表什么?

答: 红色与白色相间条纹表示禁止或提示消防设备、设施的安全标记。

775. 黄色与黑色搭配使用时代表什么?

答: 黄色与黑色相间条纹表示危险位置的安全标记。

776. 蓝色与白色搭配使用时代表什么？

答：蓝色与白色相间条纹表示指令的安全标记，传递必须遵守规定的信息。

777. 绿色与白色搭配使用时代表什么？

答：绿色与白色相间条纹表示安全环境的安全标记。

778. 何谓安全标志？

答：用以表达特定安全信息的标志称为安全标志。

779. 安全标志由哪些内容构成？

答：安全标志由图形符号、安全色、几何形状（边框）和文字构成。

780. 安全标志分几大类？

答：安全标志分禁止标志、警告标志、指令标志、提示标志四大基本类型。

781. 何谓禁止标志？

答：禁止标志就是禁止或制止人们不安全行为的图形标志。

782. 何谓警告标志？

答：警告标志就是提醒人们对周围环境引起注意，以避免可能发生危险的图形标志。

783. 何谓指令标志？

答：指令标志就是强制人们必须做出某种动作或采用防范措施的图形标志。

784. 何谓提示标志？

答：提示标志就是向人们提供某种信息（如标明安全设施或

场所等）的图形标志。

785. 何谓环境信息标志？

答：环境信息标志即为所提供的信息涉及较大区域的图形标志。

786. 何谓局部信息标志？

答：局部信息标志即为所提供的信息只涉及某地点甚至某个设备或部件的图形标志。

787. 何谓辅助标志？

答：辅助标志即为附设在主标志下，起辅助说明作用的标志。

788. 何谓组合标志？

答：组合标志即为在一个矩形载体上同时含有安全标志和辅助标志的标志。

789. 何谓多重标志？

答：多重标志即为在一个矩形载体上含有两个及以上安全标志和（或）伴有辅助标志的标志。标志应按照安全信息重要性的顺序排列。

790. 何谓设备标志？

答：设备标志是用以标明设备名称、编号等特定信息的标志，由文字和（或）图形构成。

791. 何谓安全警示线？

答：安全警示线是为了界定危险区域、防止人身伤害及影响设备（设施）正常运行或使用的标识线。

792. 何谓安全防护设施？

答：安全防护设施是为了防止外因引发的人身伤害、设备损坏而配置的防护装置和用具。

793. 何谓道路交通标志？

答： 道路交通标志是用图形符号、颜色和文字向交通参与者传递特定信息、用于管理交通的设施。

794. 何谓消防安全标志？

答： 消防安全标志就是用来表达与消防有关的安全信息，由安全色、边框、以图像为主要特征的图形符号或文字构成的标志。

795. 需要在哪些地方配置标准安全设施？

答： 电力生产活动所涉及的设备（设施）、场所、检修施工等特定区域以及其他有必要提醒人们注意危险有害因素的地点，应配置标准安全设施。

796. 安全设施设置要求有哪些？

答： 安全设施应清晰醒目、规范统一、安装可靠、便于维护，生产场所安装的固定遮栏应牢固，工作人员出入的门等活动部分应加锁。变电设备（设施）本体或附近醒目位置应装设设备标志牌，涂刷相色标志或装设相位标志牌。变电设备区与其他功能区、运行设备区与改（扩）建施工区之间应装设区域隔离遮栏。不同电压等级设备区宜装设区域隔离遮栏。

安全设施设置后，不应构成对人身伤害、设备安全的潜在风险或妨碍正常工作。工作现场的入口处应设置减速线，工作现场内适当位置应设置限高、限速标志。设置标志应易于观察。变电站内地面应标注设备巡视路线和通道边缘警戒线。

797. 安全设施安装要求有哪些？

答： 生产场所安装的安全标志、变电设备标志应采用标牌安装。标志牌标高可视现场情况自行确定，标志牌标高应尽量统一。标志牌规格、尺寸、安装位置可视现场情况进行调整，尽量做到统一。

798. 安全设施制作有何要求?

答: 标志牌应采用坚固耐用的材料制作，并满足安全要求。对于照明条件差的场所，标志牌宜用荧光材料制作。低压配电屏(箱)、二次设备屏等有触电危险或易造成短路的作业场所悬挂的标志牌应使用绝缘材料制作。除特殊要求外，安全标志牌、设备标志牌宜采用工业级反光材料制作。涂刷类标志材料应选用耐用、不褪色的涂料或油漆。所有矩形标志牌应保证边缘光滑，无毛刺，无尖角。运行设备区使用的红布幔应采用纯棉布制作。各类标线应采用道路线漆涂刷。

799. 安全标志包括哪些类型?

答: 安全标志除禁止标志、警告标志、指令标志、提示标志四种基本类型外，也包括消防安全标志、道路交通标志等特定类型。

800. 安全标志牌装设规定是什么?

答: 安全标志牌应设在与安全有关场所的醒目位置，便于进入生产现场的人们看到。环境信息标志宜设在有关场所的入口处和醒目处。局部环境信息应设在所涉及的相应危险地点或设备(部件)的醒目处。安全标志牌不宜设在可移动的物体上。标志牌前不得放置妨碍认读的障碍物。多个标志在一起设置时，应按照警告、禁止、指令、提示类型的顺序，先左后右、先上后下地排列，且应避免出现相互矛盾、重复的现象。

安全标志牌应设置在明亮的环境中。安全标志牌设置的高度尽量与人眼的视线高度相一致，悬挂式和柱式的环境信息标志牌的下缘距地面的高度不宜小于2m，局部信息标志的设置高度应视具体情况确定。

801. 安全标志牌的固定方式有几种?

答: 安全标志牌的固定方式有附着式、悬挂式和柱式三种。附着式和悬挂式的固定应稳固不倾斜，柱式的标志牌和支架应联接牢固。临时标志牌应采取防止脱落和移位的措施。

802. 安全标志牌的检查有哪些要求?

答: 安全标志牌应定期检查，如发现破损、变形、褪色等不符合要求时，应及时修整或更换。

803. 在设备区入口应设置哪些安全标志牌?

答: 在设备区入口，应根据通道、设备、电压等级等具体情况，在醒目位置设置相应的安全标志牌。如“当心触电”标志牌、“禁止吸烟”标志牌、“必须戴安全帽”标志牌、“未经许可　不得入内”标志牌、设备的安全距离等，并应设立限速、限高的标志（装置）。

804. 在设备间入口应设置哪些安全标志牌?

答: 在设备间入口，应根据内部设备、电压等级等具体情况，在醒目位置设置相应的安全标志牌。如主控制室、继电器室、通信室、自动装置室应配置“未经许可　不得入内”“禁止烟火”等安全标志牌；继电器室、自动装置室应配置“禁止使用无线通信”等安全标志牌；高压配电装置室应配置“未经许可　不得入内”“禁止烟火”等安全标志牌；SF_6 设备室、电缆夹层应配置“禁止烟火”“注意通风”“必须戴安全帽”等安全标志牌。

805. 常用禁止标志有哪些?

答: 禁止标志有禁止吸烟、禁止烟火、禁止用水灭火、禁止跨越、禁止攀登、未经许可不得入内、禁止通行、禁止堆放、禁止穿化纤服装、禁止使用无线通信、禁止合闸有人工作、禁止合闸电力线路有人、禁止分闸、禁止攀登高压危险等。

806. “禁止吸烟”标志牌在哪些地方设置?

答: “禁止吸烟”标志牌设置在设备区入口、主控制室、继电器室、通信室、自动装置室、变压器室、配电装置室、电缆夹层、隧道入口、危险品存放点等处。

807. “禁止烟火”标志牌在哪些地方设置？

答：“禁止烟火”标志牌设置在主控制室、继电器室、蓄电池室、通信室、自动装置室、变压器室、配电装置室、检修、试验工作场所、电缆夹层、隧道入口、危险品存放点等处。

808. “禁止用水灭火”标志牌在哪些地方设置？

答：“禁止用水灭火”标志牌设置在变压器室、配电装置室、继电器室、通信室、自动装置室等处（有隔离油源设施的室内油浸设备除外）。

809. “禁止跨越”标志牌在哪些地方设置？

答：“禁止跨越”标志牌设置在不允许跨越的深坑，不允许跨越的深沟等危险场所、安全遮栏等处。

810. “禁止攀登”标志牌在哪些地方设置？

答：“禁止攀登”标志牌设置在不允许攀爬的危险地点上，如有坍塌危险的建筑物、构筑物等处。

811. “禁止停留”标志牌在哪些地方设置？

答：“禁止停留”标志牌设置在对人员有直接危害的场所，如高处作业现场、吊装作业现场等处。

812. “未经许可　不得入内”标志牌在哪些地方设置？

答：“未经许可　不得入内”标志牌设置在易造成事故或对人员有伤害的场所的入口处，如高压设备室入口、消防泵室、雨淋阀室等处。

813. “禁止通行”标志牌在哪些地方设置?

答:“禁止通行”标志牌设置在有危险的作业区域，如起重、爆破现场，道路施工工地的入口等处。

814. “禁止堆放”标志牌在哪些地方设置?

答:“禁止堆放”标志牌应设置在消防器材存放处、消防通道、逃生通道及变电站主通道、安全通道等处。

815. “禁止穿化纤服装”标志牌在哪些地方设置?

答:“禁止穿化纤服装”标志牌应设置在设备区入口、电气检修试验、焊接及有易燃易爆物质的场所等处。

816. “禁止使用无线通信”标志牌在哪些地方设置?

答:“禁止使用无线通信”标志牌应设置在继电器室、自动装置室等处。

817. “禁止合闸　有人工作”标志牌在哪些地方设置?

答:“禁止合闸有人工作”标志牌应设置在一经合闸即可送电到施工设备的断路器（开关）和隔离开关（刀闸）操作把手上等处。

818. “禁止合闸　电力线路有人工作”标志牌在哪些地方设置?

答:“禁止合闸电力线路有人工作”标志牌应设置在电力线路断路器（开关）和隔离开关（刀闸）把手上。

819. “禁止分闸”标志牌在哪些地方设置?

答:“禁止分闸”标志牌应设置在接地刀闸与检修设备之间的断路器（开关）操作把手上。

820. “禁止攀登高压危险”标志牌在哪些地方设置?

答:“禁止攀登高压危险”标志牌应设置在高压配电装置构架

的爬梯上，变压器、电抗器等设备的爬梯上。

821. 常用警告标志包括哪些内容?

答：常用警告标志包括注意安全、注意通风、当心火灾、当心爆炸、当心中毒、当心触电、当心电缆、当心机械伤人、当心伤手、当心扎脚、当心吊物、当心坠落、当心坑洞、当心弧光、当心塌方、当心车辆、当心滑跌、止步高压危险。

822. “注意安全”标志牌在哪些地方设置?

答：“注意安全”标志牌应设置在造成人员伤害的场所及设备等处。

823. “注意通风”标志牌在哪些地方设置?

答：“注意通风”标志牌应设置在 SF_6 装置室、蓄电池室、电缆夹层、电缆隧道入口等处。

824. “当心火灾”标志牌在哪些地方设置?

答：“当心火灾”标志牌应设置在易发生火灾的危险场所，如电气检修试验、焊接及有易燃易爆物质的场所。

825. “当心爆炸”标志牌在哪些地方设置?

答：“当心爆炸”标志牌应设置在易发生爆炸危险的场所，如易燃易爆物质的使用或受压容器等地点。

826. “当心中毒”标志牌在哪些地方设置?

答：“当心中毒”标志牌应设置在装有 SF_6 断路器、GIS 组合电器的配电装置室入口，生产、储运、使用剧毒品及有毒物质的场所。

827. “当心触电”标志牌在哪些地方设置?

答：“当心触电”标志牌应设置在有可能发生触电危险的变电设备和电力线路，如配电装置室、断路器（开关）等处。

828. “当心电缆”标志牌在哪些地方设置?

答:“当心电缆”标志牌应设置在暴露的电缆或地面下有电缆处施工的地点。

829. “当心机械伤人”标志牌在哪些地方设置?

答:“当心机械伤人”标志牌应设置在易发生机械卷入、轧压、碾压、剪切等机械伤害的作业地点。

830. “当心伤手”标志牌在哪些地方设置?

答:“当心伤手”标志牌应设置在易造成手部伤害的作业地点,如机械加工工作场所等处。

831. “当心扎脚”标志牌在哪些地方设置?

答:“当心扎脚”标志牌应设置在易造成脚部伤害的作业地点,如施工工地及有尖角散料等处。

832. “当心吊物”标志牌在哪些地方设置?

答:“当心吊物”标志牌应设置在有吊装设备作业的场所,如施工工地等处。

833. “当心坠落”标志牌在哪些地方设置?

答:“当心坠落”标志牌应设置在易发生坠落事故的作业地点,如脚手架、高处平台、地面的深沟(池、槽)等处。

834. “当心落物”标志牌在哪些地方设置?

答:“当心落物”标志牌应设置在易发生落物危险的地点,如高处作业、立体交叉作业的下方等处。

835. “当心坑洞”标志牌在哪些地方设置?

答:“当心坑洞”标志牌应设置在生产现场和通道临时开启或挖掘的孔洞四周的围栏等处。

836. “当心弧光”标志牌在哪些地方设置?

答: “当心弧光”标志牌应设置在易发生由于弧光造成眼部伤害的焊接作业场所等处。

837. “当心塌方”标志牌在哪些地方设置?

答: “当心塌方”标志牌应设置在有塌方危险的区域，如堤坝及土方作业的深坑、深槽等处。

838. “当心车辆”标志牌在哪些地方设置?

答: “当心车辆”标志牌应设置在生产场所内车、人混合行走的路段，道路的拐角处、平交路口，车辆出入较多的生产场所出入口处。

839. “当心滑跌”标志牌在哪些地方设置?

答: “当心滑跌”标志牌应设置在地面有易造成伤害的滑跌地点，如地面有油、冰、水等物质及滑坡处。

840. 指令标志包括哪些内容?

答: 指令标志包括必须戴防护眼镜、必须戴防毒面具、必须戴安全帽、必须戴防护手套、必须穿防护鞋、必须系安全带、必须穿防护服。

841. “必须戴防护眼镜”标志牌在哪些地方设置?

答: “必须戴防护眼镜”标志牌应设置在对眼睛有伤害的作业场所，如机械加工、各种焊接等处。

842. “必须戴防毒面具”标志牌在哪些地方设置?

答: “必须戴防毒面具”标志牌应设置在具有对人体有害的气体、气溶胶、烟尘等作业场所，如有毒物散发的地点或处理有毒物造成的事故现场等处。

843. “必须戴安全帽”标志牌在哪些地方设置?

答:“必须戴安全帽”标志牌应设置在生产现场(办公室、主控制室、值班室和检修班组室除外)佩戴。

844. “必须戴防护手套”标志牌在哪些地方设置?

答:“必须戴防护手套”标志牌应设置在易伤害手部的作业场所,如具有腐蚀、污染、灼烫、冰冻及触电危险的作业等处。

845. “必须穿防护鞋”标志牌在哪些地方设置?

答:“必须穿防护鞋”标志牌应设置在易伤害脚部的作业场所,如具有腐蚀、灼烫、触电、砸(刺)伤等危险的作业地点。

846. “必须系安全带”标志牌在哪些地方设置?

答:“必须系安全带”标志牌应设置在易发生坠落危险的作业场所,如高处建筑、检修、安装等处。

847. “必须穿防护服”标志牌在哪些地方设置?

答:“必须穿防护服”标志牌应设置在具有放射、微波、高温及其他需穿防护服的作业场所。

848. 提示标志包括哪些内容?

答:提示标志包括:在此工作、从此上下、从此进出、紧急洗眼水、安全距离。

849. “在此工作”标志牌在哪些地方设置?

答:“在此工作”标志牌应设置在工作地点或检修设备上。

850. “从此上下”标志牌在哪些地方设置?

答:“从此上下”标志牌应设置在工作人员可以上下的铁(构)架、爬梯上。

851. “从此进出”标志牌在哪些地方设置?

答:“从此进出”标志牌应设置在工作地点遮栏的出入口处。

852. “紧急洗眼水”标志牌在哪些地方设置?

答:“紧急洗眼水”标志牌应设置在悬挂在从事酸、碱工作的蓄电池室、化验室等洗眼水喷头旁。

853. “安全距离”标志牌在哪些地方设置?

答:“安全距离”标志牌是指人与带电体的安全距离,应设置在设备区入口处,根据不同电压等级标示出人体与带电体最小安全距离。

854. 限制高度标志表示什么?

答:限制高度标志表示禁止装载高度超过标志所示数值的车辆通行。

855. 生产现场的限制高度有哪些要求?

答:变电站入口处、不同电压等级设备区入口处等最大容许高度受限制的地方应设置限制高度标志牌(装置)。限制高度标志牌的基本形状为圆形,白底,红圈,黑图案。

856. 限制速度标志表示什么?

答:限制速度标志表示该标志至前方解除限制速度标志的路段内,机动车行驶速度(单位为 km/h)不准超过标志所示数值。

857. 生产现场的限制速度有哪些要求?

答:变电站入口处、变电站主干道及转角处等需要限制车辆速度的路段的起点应设置限制速度标志牌。

858. 哪些生产场所应配备消防器材?

答:应在变电站的主控制室、继电器室、通信室、自动装置室、变压器室、配电装置室、电缆隧道等重点防火部位入口处以及储存易燃易爆物品仓库门口处合理配置灭火器等消防器材。

859. 常用消防标志包括哪些内容？

答：常用消防标志包括消防手动启动器、火警电话、消火栓箱、地上消火栓、地下消火栓、灭火器、消防水带、灭火设备或报警装置的方向、疏散通道方向、紧急出口、从此跨越、消防水池、消防沙池（箱）、防火墙。

860. 逃生路线标示装在何处？

答：各生产场所应有逃生路线的标示，楼梯主要通道门上方、左侧、右侧装设紧急撤离提示标志。

861. 消防安全标志应表明哪些内容和位置？

答：消防安全标志应表明下列内容和位置：

（1）火灾报警；

（2）手动控制装置；

（3）火灾时疏散途径；

（4）灭火设备；

（5）具有火灾、爆炸危险的地方或物质。

862. “消防手动启动器”标志牌有什么设置要求？

答：“消防手动启动器”标志牌应依据现场环境，设置在适宜、醒目的位置。

863. “火警电话”标志牌有什么设置要求？

答：“火警电话”标志牌应依据现场环境，设置在适宜、醒目的位置。

864. “消火栓箱”标志牌有什么设置要求？

答：“消火栓箱”标志牌应设置在生产场所构筑物内的消火

栓处。

865. “地上消火栓”标志牌有什么设置要求?

答:“地上消火栓”标志牌应固定在距离消火栓 1m 的范围内，不得影响消火栓的使用。“地上消火栓”标志牌为组合标志。

866. “地下消火栓”标志牌有什么设置要求?

答:“地下消火栓”标志牌应固定在距离消火栓 1m 的范围内，不得影响消火栓的使用。“地下消火栓”标志牌为组合标志。

867. “灭火器”标志牌有什么设置要求?

答:“灭火器”标志牌应悬挂在灭火器、灭火器箱的上方或存放灭火器、灭火器箱的通道上。泡沫灭火器器身上应标注“不适用于电火”标志牌字样。“灭火器”标志牌为组合标志。

868. “消防水带”标志牌有什么设置要求?

答:“消防水带”标志牌应指示消防水带、软管卷盘或消防栓箱的位置。

869. “灭火设备或报警”标志牌有什么设置要求?

答:“灭火设备或报警”标志牌应装置在方向指示灭火设备或报警装置的方向上。“灭火设备或报警”标志牌为方向辅助标志。

870. “疏散通道方向”标志牌有什么设置要求?

答:“疏散通道方向”标志牌用于电缆隧道指向最近出口处，指示到紧急出口的方向，“疏散通道方向”标志牌为方向辅助标志。

871. “紧急出口”标志牌有什么设置要求?

答:“紧急出口”标志牌应装置在便于安全疏散的紧急出口处，与方向箭头结合设在通向紧急出口的通道、楼梯口等处。“紧急出口”标志牌为组合标志。

872. “从此跨越”标志牌有什么设置要求?

答:“从此跨越”标志牌应悬挂在横跨桥栏杆上，面向人行横道。“从此跨越”标志牌为组合标志。

873. “消防水池”标志牌有什么设置要求?

答:“消防水池”标志牌应装设在消防水池附近醒目位置，并应编号。

874. “消防沙池”标志牌有什么设置要求?

答:“消防沙池”标志牌应装设在消防沙池附近醒目位置，并应编号。

875. “消防沙箱”标志牌有什么设置要求?

答:“消防沙箱”标志牌应装设在消防沙箱附近醒目位置，并应编号。

876. “防火墙”标志牌有什么设置要求?

答:“防火墙”标志牌在变电站的电缆沟(槽)进入主控制室、继电器室处和分接处、电缆沟每间隔约 60m 处应设防火墙，将盖板涂成红色，标明“防火墙”标志牌字样，并应编号。

877. 对变电设备标志有何要求?

答:变电设备标志应定义清晰，具有唯一性。变电设备标志文字内容应与调度机构下达的编号相符，其他变电设备的标志内容可参照调度编号及设计名称。一次设备为分相设备时应逐相标注，直流设备应逐极标注。功能、用途完全相同的设备，其设备名称应统一。

878. 对变电设备标志牌配置有何要求?

答:变电设备(设施)应配置醒目的标志，配置的标志不应构成对人身伤害的潜在风险。设备标志牌应配置在设备本体或附件醒目位置。两台及以上集中排列安装的电气盘应在每台盘上分别配置各自的设备标志牌。两台及以上集中排列安装的前后开门电气盘前、后均应配置设备标志牌，且同一盘柜前、后设备标志牌一致。GIS设备的隔离开关和接地刀闸标志牌根据现场实际情况装设，母线的标志牌按照实际相序位置排列，安装于母线筒端部；隔室标志安装于靠近本隔室取气阀门旁醒目位置，各隔室之间通气隔板周围涂红色，非通气隔板周围涂绿色，宽度根据现场实际确定。电缆两端应悬挂标明电缆编号名称、起点、终点、型号的标志牌，电力电缆还应标注电压等级、长度。各设备间及其他功能室入口处醒目位置均应配置房间标志牌，标明其功能及编号，室内醒目位置应设置逃生路线图、定置图。

879. 设备标志由哪些内容组成？

答：设备标志由设备名称和设备编号组成。

880. “变压器”标志牌装设有哪些要求？

答：（1）安装固定于变压器器身中部，面向主巡视检查路线，并标明名称、编号。

（2）单相变压器每相均应安装标志牌，并标明名称、编号及相别。

881. “电抗器”标志牌装设有哪些要求？

答：（1）安装固定于电抗器器身中部，面向主巡视检查路线，并标明名称、编号。

（2）电力线路电抗器每相应安装标志牌，并标明电力线路电压等级、名称及相别。

882. 对“变压器穿墙套管”标志牌有哪些要求？

答：（1）安装于主变压器穿墙套管内、外墙处。

（2）标明主变压器编号、电压等级、名称，分相布置的还应标明相别。

883. 对“电力线路穿墙套管”标志牌装设有哪些要求？

答：(1) 安装于电力线路穿墙套管内、外墙处。

(2) 标明电力线路编号、电压等级、名称，分相布置的还应标明相别。

884. 对“滤波器组”标志牌装设有哪些要求？

答：在滤波器组（包括交、直流滤波器，PLC 噪声滤波器、RI 噪声滤波器）上分别装设，安装于离地面 1.5m 处，面向主巡视检查路线。“滤波器组”标志牌应标明设备名称、编号。

885. 对“电容器组”标志牌装设有哪些要求？

答：在电容器组的围栏门上分别装设，安装于离地面 1.5m 处，面向主巡视检查路线。“电容器组”标志牌应标明设备名称、编号。

886. 对“阀厅内直流设备”标志牌装设有哪些要求？

答：在阀厅顶部巡视走道遮栏上固定“阀厅内直流设备”标志牌，正对设备，面向走道，安装于离地面 1.5m 处。标明设备名称、编号。

887. 对“断路器”标志牌装设有哪些要求？

答：“断路器”标志牌应安装固定于断路器操作机构箱上方醒目处。分相布置的断路器标志牌要安装在每相操作机构箱上方醒目处，并标明相别。标示牌应标明设备电压等级、名称、编号。

888. 对“隔离开关”标志牌装设有哪些要求？

答：(1) 手动操作型隔离开关安装于隔离开关操作机构上方 100mm 处。

(2) 电动操作型隔离开关安装于操作机构箱门上醒目处。

(3) 标志牌应面向操作人员，标志牌应标明设备电压等级、名称、编号。

889. 对“控制箱”标志牌装设有哪些要求?

答:（1）安装固定于控制箱门上。

（2）标示牌应标明间隔或设备电压等级、名称、编号。

890. 对“端子箱”标志牌装设有哪些要求?

答:（1）安装固定于端子箱门上。

（2）标示牌应标明间隔或设备电压等级、名称、编号。

891. 对“电流互感器”标志牌装设有哪些要求?

答:（1）安装在单支架上的电流互感器，标志牌应标明相别，安装于离地面 1.5m 处，面向主巡视检查路线。

（2）三相共支架电流互感器，安装于支架横梁醒目处，面向主巡视检查电力线路。

（3）标明设备电压等级、名称、编号及相别。

892. 对“电压互感器”标志牌装设有哪些要求?

答:（1）安装在单支架上的电压互感器，标志牌应标明相别，安装于离地面 1.5m 处，面向主巡视检查路线。

（2）三相共支架电压互感器，安装于支架横梁醒目处，面向主巡视检查电力线路。

（3）标明设备电压等级、名称、编号及相别。

893. 对“避雷器”标志牌装设有哪些要求?

答:（1）安装在单支架上的避雷器，标志牌还应标明相别，安装于离地面 1.5m 处，面向主巡视检查路线。

（2）三相共支架避雷器，安装于支架横梁醒目处，面向主巡视检查电力线路。

（3）落地安装加独立遮栏的避雷器，标志牌安装在设备围栏中部，面向主巡视检查电力线路。

（4）标明设备电压等级、名称、编号及相别。

894. 对“耦合电容器”标志牌装设有哪些要求？

答：（1）安装在单支架上的耦合电容器，标志牌应标明相别，安装于离地面 1.5m 处，面向主巡视检查路线。

（2）三相共支架耦合电容器，安装于支架横梁醒目处，面向主巡视检查电力线路。

（3）标明设备电压等级、名称、编号及相别。

895. 对“接地刀闸”标志牌装设有哪些要求？

答：“接地刀闸”标志牌应安装于接地刀闸操作机构上方 100mm 处。标志牌应面向操作人员。标志牌应标明设备电压等级、名称、编号、相别。

896. 对“控制盘柜”标志牌装设有哪些要求？

答：“控制盘柜”标志牌应安装于盘柜前后顶部门楣处，标示牌标明设备电压等级、名称、编号。

897. 对“保护盘柜”标志牌装设有哪些要求？

答：“保护盘柜”标志牌应安装于盘柜前后顶部门楣处，标示牌标明设备电压等级、名称、编号。

898. 对“直流盘柜”标志牌装设有哪些要求？

答：“直流盘柜”标志牌应安装于盘柜前后顶部门楣处，标示牌标明设备电压等级、名称、编号。

899. 对“通信盘柜”标志牌装设有哪些要求？

答：“通信盘柜”标志牌应安装于盘柜前后顶部门楣处，标示牌标明设备电压等级、名称、编号。

900. 对“室外电力线路出线间隔”标志牌装设有哪些要求？

答：“室外电力线路出线间隔”标志牌安装于电力线路出线间隔龙门架下方或相对应围墙的墙壁上，标示牌应标明电压等级、名称、编号、相别。

901. 对“室内出线穿墙套管”标志牌装设有哪些要求?

答:“室内出线穿墙套管”标志牌安装于出线穿墙套管内、外墙处，标示牌应标明电压等级、名称、编号、相别。

902. 对“敞开式母线”标志牌装设有哪些要求?

答:“敞开式母线”标志牌室外敞开式布置母线，母线标志牌安装于母线两端头正下方支架上，背向母线。室内敞开式布置母线，母线标志牌安装于母线端部对应墙壁上，标示牌应标明电压等级、名称、编号、相别。

903. 对“避雷针”标志牌装设有哪些要求?

答:应安装于避雷针距地面 1.5m 处。标示牌应标明设备名称、编号。

904. 对明敷接地体的涂刷有何要求?

答:全部设备的接地装置外露部分应涂宽度相等的黄绿相间条纹，间距以 100～150mm 为宜。

905. 对接地端有何要求?

答:临时接地线的接地端应固定于设备压接型地线的接地端。

906. 对“低压电源箱”标志牌装设有哪些要求?

答:安装于各类低压电源箱上的醒目位置。标志牌应标明设备名称及用途。

907. 对“熔断器”标志牌装设有哪些要求?

答:标示牌悬挂在二次屏中的熔断器处，标示牌还要标明二次回路名称、型号、额定电流。

908. 对“直流断路器（开关）”标志牌装设有哪些要求？

答：标示牌悬挂在二次屏中的直流断路器（开关）处，标示牌还要标明二次回路名称、型号、额定电流。

909. 对“交流断路器（开关）”标志牌装设有哪些要求？

答：标示牌悬挂在二次屏中的交流断路器（开关）处，标示牌还要标明二次回路名称、型号、额定电流。

910. 安全警示线的作用是什么？

答：安全警示线用于界定和分割危险区域，向人们传递某种注意或警告的信息，以避免人身伤害。

911. 安全警示线包括哪些内容？

答：安全警示线包括禁止阻塞线、减速提示线、安全警戒线、防止踏空线、防止碰头线、防止绊跤线和生产通道边缘警戒线等。

912. 安全警示线的颜色有何规定？

答：安全警示线一般采用黄色或与对比色（黑色）同时使用。

913. 禁止阻塞线的作用是什么？

答：禁止阻塞线的作用是禁止在相应的设备前（上）停放物体，以免意外发生。

914. 禁止阻塞线的颜色有何规定？

答：禁止阻塞线采用 45°黄色与黑色相间的等宽条纹，宽度宜为 50～150mm，长度不小于禁止阻塞物 1.1 倍，宽度不小于禁止阻塞物 1.5 倍。

915. 禁止阻塞线在哪些地点标注？

答：（1）标注在地下设施入口盖板上。

（2）标注在主控制室、继电器室门内外。

（3）消标注在防器材存放处。

（4）防火重点部位进出通道。

（5）标注在通道旁边的配电柜前（800mm）。

（6）标注在其他禁止阻塞的物体前。

916. 减速提示线的作用是什么？

答：减速提示线的作用是提醒在变电站内的驾驶人员减速行驶，以保证变电设备和人员的安全。

917. 减速提示线的颜色有何规定？

答：减速提示线一般采用45°黄色与黑色相间的等宽条纹，宽度宜为100～200mm。可采取减速带代替减速提示线。

918. 减速提示线在哪些地点标注？

答：标注在变电站站内道路的弯道、交叉路口和变电站进站入口等限速区域的入口处。

919. 安全警戒线的作用是什么？

答：安全警戒线的作用是为了提醒在变电站内的人员，避免误碰、误触运行中的控制屏（台）、保护屏、配电屏和高压开关柜等。

920. 安全警戒线的颜色有何规定？

答：安全警戒线采用黄色，宽度宜为50～150mm。

921. 安全警戒线在哪些地点设置？

答：安全警戒线应设置在控制屏（台）、保护屏、配电屏和高压开关柜等设备周围。安全警戒线至屏面的距离宜为300～800mm，可根据实际情况进行调整。

922. 防止碰头线的作用是什么？

答：防止碰头线的作用是提醒人们注意在人行通道上方的障

碍物，防止意外发生。

923. 防止碰头线的颜色有何规定？

答： 防止碰头线采用45°黄色与黑色相间的等宽条纹，宽度宜为50～150mm。

924. 防止碰头线在哪些地点标注？

答： 标注在人行通道高度小于1.8m的障碍物上。

925. 防止绊跤线的作用是什么？

答： 防止绊跤线的作用是提醒工作人员注意地面上的障碍物，防止意外发生。

926. 防止绊跤线的颜色有何规定？

答： 防止绊跤线采用45°黄色与黑色相间的等宽条纹，宽度宜为50～150mm。

927. 防止绊跤线在哪些地点标注？

答：（1）标注在人行横道地面上高差300mm以上的管线或其他障碍物上。

（2）采用45°间隔斜线（黄/黑）排列进行标注。

928. 防止踏空线的作用是什么？

答： 防止踏空线的作用是提醒工作人员注意通道上的高度落差，避免发生意外。

929. 防止踏空线的颜色有何规定？

答： 防止踏空线采用黄色线，宽度为宜为100～150mm。

930. 防止踏空线在哪些地点标注？

答： 防止踏空线标注在上下楼梯第一级台阶上。标注在人行通道高差 300mm 以上的边缘处。

931. 生产通道边缘警戒线的作用是什么?

答: 在变电站生产道路运用的安全警戒线的作用是提醒变电站工作人员和机动车驾驶人员避免误入设备区。

932. 生产通道边缘警戒线的颜色有何规定?

答: 生产通道边缘警戒线采用黄色线，宽度宜为 100～150mm。

933. 生产通道边缘警戒线在哪些地点标注?

答: 生产通道边缘警戒线应标注在生产通道两侧。为保证夜间可见性，宜采用道路反光漆或强力荧光油漆进行涂刷。

934. 设备区巡视路线的作用是什么?

答: 设备区巡视路线的作用是提醒变电站工作人员按标准路线进行巡视检查。

935. 设备区巡视路线的颜色有何规定?

答: 设备区巡视路线采用白色实线标注，其线宽宜为 100～150mm，在弯道或交叉路口处采取白色箭头标注。也可采取巡视路线指示牌方法进行标注。

936. 设备区巡视路线在哪些地点标注?

答: 设备区巡视路线应标注在变电站室内外设备区道路或电缆沟盖板上。

937. 安全防护设施有何作用?

答: 安全防护设施用于防止外因引发的人身伤害。工作人员进入生产现场，应根据作业环境中所存在的危险因素，穿戴或使用必要的防护用品。

938. 安全防护设施包括哪些内容？

答：安全防护设施包括安全帽、安全工器具柜、安全工器具试验合格证标志牌、固定防护遮栏、区域隔离遮栏、临时遮栏（围栏）、红布幔、孔洞盖板、爬梯遮栏门、防小动物挡板、防误闭锁解锁钥匙箱等设施和用具。

939. 哪些地方应佩戴安全帽？

答：安全帽用于作业人员头部防护。除办公室、主控制室、值班室和检修班组室以外，任何人员进入生产现场，应正确佩戴安全帽。

940. 安全帽如何实行分色管理？

答：安全帽实行分色管理，红色安全帽为管理人员使用，黄色安全帽为运行人员使用，蓝色安全帽为检修人员、施工人员、试验等人员使用，白色安全帽为外来参观人员使用。

941. 安全工器具柜的温度、湿度有何要求？

答：安全工器具柜宜具有温度、湿度监控功能，满足温度为－15～35℃、相对湿度为80％以下，保持干燥通风的基本要求。

942. 安全工器具室的温度、湿度有何要求？

答：安全工器具室宜具有温度、湿度监控功能，满足温度为－15～35℃、相对湿度为80％以下，保持干燥通风的基本要求。

943. “安全工器具试验合格证”标志牌有何要求？

答：安全工器具试验合格证标志牌贴在经试验合格的安全工器具的醒目位置。安全工器具试验合格证标志牌可采用粘贴力强的不干胶制作，规格为60mm×40mm。

944. “安全工器具试验合格证”标志牌包括哪些内容？

答：“安全工器具试验合格证”标志牌内容包括名称、编号、试验日期（年、月、日）、下次试验日期（年、月、日）。

945. 对“接地线”标志牌有何要求?

答：接地线标志牌应固定在接地线接地端线夹上。接地线标志牌应采用不锈钢板或其他金属材料制成，厚度1.0mm。接地线标志牌尺寸一般为：外形尺寸为30～50mm，内径孔为2～3mm。

946. 对固定防护遮栏的设置有何要求?

答：固定防护遮栏适用于落地安装的高压设备周围及生产现场平台、人行通道、升降口、大小坑洞、楼梯等有坠落危险的场所。固定遮栏上应悬挂安全标志，位置根据实际情况而定。用于设备周围的遮栏高度不低于1.7m，设置供工作人员出入的门并上锁；防坠落遮栏高度不低于1.1m，并装设不低于1m高的护板。检修期间需将栏杆拆除时，应装设临时遮栏，并在检修工作结束后将栏杆立即恢复。固定遮栏及防护栏杆、斜梯应符合国家相关规定。

947. 区域隔离遮栏适用于什么场所?

答：区域隔离遮栏适用于设备区与生活区的隔离、设备区间的隔离，适用于设备改（扩）建施工现场与运行区域的隔离，也适用于人员活动密集场所周围。

948. 区域隔离遮栏有哪些症状制作要求?

答：区域隔离遮栏应采用不锈钢或塑钢等材料制作，高度不低于1050mm，其强度和间隙满足防护要求。

949. 临时遮栏适用于什么场所?

答：临时遮栏适用于有可能高处落物的场所，适用于检修、试验工作现场规范工作人员活动范围的场所，适用于检修、试验工作现场与运行设备的隔离的场所，适用于检修现场安全通道，适用于检修现场临时起吊场地，适用于防止人员靠近的高压试验场所，适用于安全通道或沿平台等边缘部位，因检修拆除常设栏杆的场所，适用于需临时打开的平台、地沟、孔洞盖板周围，适用于事故现场的保护。

950. 对临时遮栏的安装有何要求？

答：临时遮栏应采用满足安全、防护要求的材料制作。有绝缘要求的临时遮栏应采用干燥木材、橡胶或其他坚韧绝缘材料制成。临时遮栏高度为1050～1200mm，防坠落遮栏应在下部装设不低于180mm高的挡脚板。临时遮栏强度和间隙应满足防护要求，临时遮栏应牢固可靠，应悬挂安全标志，位置根据实际情况而定。

951. 对临时围栏的安装有何要求？

答：临时围栏应采用满足安全、防护要求的材料制作。临时围栏高度为1050～1200mm，临时围栏强度和间隙应满足防护要求，临时围栏应牢固可靠，还应悬挂安全标志，悬挂位置根据实际情况而定。

952. 红布幔适用于什么场所？

答：红布幔适用于在变电站二次系统上工作时，将检修设备与运行设备前后以明显的标志隔开。

953. 红布幔制作有何要求？

答：红布幔上印有运行设备字样，白色黑体字，布幔上下或左右两端设有绝缘隔离的磁铁或挂钩。红布幔的尺寸一般为2400mm×800mm、1200mm×800mm、650mm×120mm，也可根据现场实际情况制作。

954. 孔洞盖板有几种形式？

答：孔洞盖板有覆盖式和镶嵌式两种形式。

955. 孔洞盖板适用于什么场所？

答：孔洞盖板适用于生产现场需打开的孔洞。

956. 对孔洞盖板制作有何要求？

答：孔洞盖板均应为防滑板，且应覆以与地面齐平的坚固的有限位的盖板。盖板边缘应大于孔洞边缘100mm，限位块与孔洞边缘距离不得大于25～30mm，网络板孔眼不应大于50mm×50mm。孔洞盖板可制成与现场孔洞互相配合的矩形、正方形、圆形等形状，选用镶嵌式、覆盖式，并在其表面涂刷45°黄黑相间的等宽条纹，宽度宜为50～100mm。孔洞盖板拉手可做成活动式，便于钩起。

957. 孔洞盖板打开后，应实施哪些安全措施？

答：在检修工作中如需将盖板取下，应设临时围栏。临时打开的孔洞，施工结束后应立即恢复原状；夜间不能恢复的，应加装警示红灯。

958. “爬梯遮栏门”标志牌应装设在何处？

答：应在禁止攀登的设备、构架爬梯上安装“爬梯遮栏门”标志牌，并予编号。在爬梯遮栏门正门应装设“禁止攀登高压危险”标志牌的标志牌。

959. 对“爬梯遮栏门”标志牌制作有何要求？

答：爬梯遮栏门为整体不锈钢或铝合金板门。其高度应大于工作人员的跨步长度，宜设置为800mm左右，宽度应与爬梯保持一致。

960. 对防小动物挡板制作有何要求？

答：防小动物挡板宜采用不锈钢、铝合金等不易生锈、变形的材料制作，高度应不低于400mm，其上部应设有45°黑黄相间色斜条防止绊跤线标志，标志线宽宜为50～100mm。

961. 防小动物挡板装设在何处？

答：在各配电装置室、电缆室、通信室、蓄电池室、主控制室和继电器室等出入口处，应装设防小动物挡板，以防止小动物进入当前设备上造成短路故障引发的电气事故。

962. 防误闭锁解锁钥匙箱有何制作要求?

答：防误闭锁解锁钥匙箱为木质或其他材料制作，前面部为玻璃面，在紧急情况下可将玻璃破碎，取出解锁钥匙使用。

963. 防误闭锁解锁钥匙箱装设在何处?

答：防误闭锁解锁钥匙箱存放在变电站主控制室。

964. 何谓过滤式防毒面具?

答：过滤式防毒面具是在有氧环境中使用的呼吸器。

965. 对过滤式防毒面具中的过滤剂使用时间有何规定?

答：过滤式防毒面具的过滤剂有一定的使用时间，一般为 30～100min。过滤剂失去过滤作用（面具内有特殊气味）时，应及时更换。

966. 过滤式防毒面具使用有何要求?

答：过滤式防毒面具使用时，空气中氧气浓度不低于 18%，温度为－30～45℃，且不能用于槽、罐等密闭容器环境。

967. 过滤式防毒面具有何存放要求?

答：过滤式防毒面具应存放在干燥、通风，无酸、碱、溶剂等物质的库房内，严禁重压。防毒面具的滤毒罐的贮存期为 5 年，防毒面具的滤毒盒的贮存期为 3 年，过期产品应经检验合格后方可使用。

968. 正压式消防空气呼吸器在何处适用?

答：正压式消防空气呼吸器是用于无氧环境中的呼吸器。

969. 正压式消防空气呼吸器的贮存有何规定？

答：正压式消防空气呼吸器在贮存时应装入包装箱内，避免长时间曝晒，不能与油、酸、碱或其他有害物质共同贮存，严禁重压。

第二节　电力线路部分

970. 对电力线路安全设施的配置有何要求？

答：（1）电力线路生产活动所涉及的场所、设备（设施）、检修施工等特定区域以及其他有必要提醒人们注意安全的场所，应配置使用标准化的安全设施。

（2）安全设施应清晰醒目、规范统一、安装可靠、便于维护，适应使用环境要求。安全设施设置后，不应构成对人身伤害、设备安全的潜在风险或妨碍正常工作。

（3）电力线路杆塔应标明电力线路名称、杆号、塔号及色标，并在电力线路保护区内设置必要的安全警示标志。

（4）电力线路一般应采用单色色标，电力线路密集地区可采用不同颜色的色标加以区分。

971. 电力线路安全设施安装有何要求？

答：安全标志、电力线路设备标志应采用标牌安装，也可采用涂刷方式。标志牌标高可视现场情况自行确定，但对于同类设备（设施）的标志牌标高应统一。

972. 对电力线路安全设施制作有何要求？

答：标志牌应采用坚固耐用的材料制作，并满足安全要求。对于照明条件差的场所，标志牌宜用荧光材料制作。除特殊要求外，安全标志牌、设备标志牌宜采用工业级反光材料制作。涂刷类标志材料应选用耐用、不褪色的涂料或油漆。

973. 常用电力线路禁止标志有哪些？

答：常用电力线路禁止标志有禁止吸烟、禁止烟火、禁止跨越、禁止停留、未经许可不得入内、禁止通行、禁止堆放、禁止合闸电力线路有人工作、禁止攀登高压危险、禁止开挖下有电缆、禁止在高压线下钓鱼、禁止取土、禁止在高压线附近放风筝、禁止在保护区内建房、禁止在保护区内植树、禁止在保护区内爆破。

974. “禁止吸烟”标志牌装设在何处?

答:“禁止吸烟”标志牌装设在电缆隧道出入口、电缆井内、检修井内、电缆接续作业的临时围栏等处。

975. “禁止烟火”标志牌装设在何处?

答:“禁止烟火”标志牌装设在电缆隧道出入口等处。

976. “禁止跨越”标志牌装设在何处?

答:“禁止跨越”标志牌装设在不允许跨越的深坑（沟）等危险场所、安全遮栏等处。

977. “禁止停留”标志牌装设在何处?

答:“禁止停留”标志牌装设在高处作业现场、吊装作业现场等处。

978. “未经许可不得入内”标志牌装设在何处?

答:“未经许可不得入内”标志牌装设在易造成事故或对人员有伤害的场所，如电缆隧道入口处。

979. “禁止通行”标志牌装设在何处?

答:“禁止通行”标志牌装设在有危险的作业区域入口处或安全遮栏等处。

980. “禁止堆放”标志牌装设在何处?

答:“禁止堆放”标志牌装设在消防器材存放处、消防通道等处。

981. “禁止合闸　电力线路有人工作”标志牌装设在何处？

答：“禁止合闸电力线路有人工作”标志牌装设在电力线路断路器（开关）和隔离开关（刀闸）把手上。

982. “禁止攀登高压危险”标志牌装设在何处？

答：“禁止攀登高压危险”标志牌装设在电力线路杆塔下部，距地面约 3m 处。

983. “禁止开挖下有电缆”标志牌装设在何处？

答：“禁止开挖下有电缆”标志牌装设在禁止开挖的地下电力电缆保护区内。

984. “禁止在高压线下钓鱼”标志牌装设在何处？

答：“禁止在高压线下钓鱼”标志牌装设在跨越鱼塘电力线路下方的适宜位置。

985. “禁止取土”标志牌装设在何处？

答：“禁止取土”标志牌装设在电力线路保护区内杆塔、拉线附近适宜位置。

986. “禁止在高压线附近放风筝”标志牌装设在何处？

答：“禁止在高压线附近放风筝”标志牌装设在经常有人放风筝的电力线路附近适宜位置。

987. “禁止在保护区内建房”标志牌装设在何处？

答：“禁止在保护区内建房”标志牌装设在电力线路下方及保护区内。

988. “禁止在保护区内植树”标志牌装设在何处？

答：“禁止在保护区内植树”标志牌装设在电力线路电力设施保护区内植树严重地段。

989. “禁止在保护区内爆破”标志牌装设在何处?

答:“禁止在保护区内爆破”标志牌装设在电力线路途经石场、矿区等。

990. 电缆隧道入口应装设什么标志牌?

答:电缆隧道入口,应根据现场具体情况,在醒目位置按配置规范设置相应的安全标志牌,如“当心触电”“当心中毒”“未经许可 不得入内”“禁止烟火”“注意通风”“必须戴安全帽”标志牌等。

991. “注意安全”标志牌装设在何处?

答:“注意安全”标志牌装设在易造成人员伤害的场所及设备处。

992. “注意通风”标志牌装设在何处?

答:“注意通风”标志牌装设在电缆隧道入口等处。

993. “当心火灾”标志牌装设在何处?

答:“当心火灾”标志牌装设在易发生火灾的危险场所,如电气检修试验、焊接及有易燃易爆物质的场所。

994. “当心爆炸”标志牌装设在何处?

答:“当心爆炸”标志牌装设在易发生爆炸危险的场所,如易燃易爆物质的使用或受压容器等地点。

995. “当心中毒”标志牌装设在何处?

答:“当心中毒”标志牌装设在可能产生有毒物质的电缆隧道等地点。

996. “当心触电”标志牌装设在何处?

答:“当心触电”标志牌装设在有可能发生触电危险的变电设

备和线路。

997. “当心电缆”标志牌装设在何处?

答:“当心电缆”标志牌装设在暴露的电缆或地面下有电缆处施工的地点。

998. “当心机械伤人”标志牌装设在何处?

答:“当心机械伤人”标志牌装设在易发生机械卷入、轧压、碾压、剪切等机械伤害的作业地点。

999. “当心伤手”标志牌装设在何处?

答:“当心伤手”标志牌装设在易造成手部伤害的作业地点,如机械加工工作场所等。

1000. “当心扎脚”标志牌装设在何处?

答:“当心扎脚”标志牌装设在易造成脚部伤害的作业地点,如施工工地及有尖角散料等处。

1001. “当心吊物”标志牌装设在何处?

答:“当心吊物”标志牌装设在有吊装设备作业的场所,如施工工地等处。

1002. “当心坠落”标志牌装设在何处?

答:“当心坠落”标志牌装设在易发生坠落事故的作业地点,如脚手架、高处平台、地面有深沟处、地面有深池处、地面有深槽处等。

1003. “当心落物”标志牌装设在何处?

答:“当心落物”标志牌装设在易发生落物危险的地点,如高处作业、立体交叉作业的下方等处。

1004.“当心坑洞”标志牌装设在何处?

答:“当心坑洞”标志牌装设在生产现场和通道临时开启或挖掘的孔洞四周的围栏等处。

1005.“当心弧光”标志牌装设在何处?

答:“当心弧光”标志牌装设在易发生由于弧光造成眼部伤害的各种焊接作业场所等处。

1006.“当心车辆”标志牌装设在何处?

答:“当心车辆”标志牌装设在施工区域内车、人混合行走的路段,道路的拐角处、平交路口,车辆出入较多的施工区域出入口处。

1007.“当心滑跌”标志牌装设在何处?

答:“当心滑跌”标志牌装设在地面易造成伤害的滑跌地点,如地面有油、冰、水等物质及滑坡处。

1008.“止步　高压危险”标志牌装设在何处?

答:“止步　高压危险”标志牌装设在带电设备固定遮栏上,高压试验地点安全围栏上,因高压危险禁止通行的过道上,工作地点临近室外带电设备的安全围栏上等处。

1009.“必须戴防护眼镜”标志牌装设在何处?

答:“必须戴防护眼镜”标志牌装设在对眼睛有伤害的作业场所,如机械加工、各种焊接等场所。

1010.“必须戴安全帽”标志牌装设在何处?

答:“必须戴安全帽”标志牌装设在生产现场主要通道入口处,如电缆隧道入口、电力线路检修现场等可能产生高处落物的场所。

1011. “必须戴防护手套”标志牌装设在何处？

答：“必须戴防护手套”标志牌装设在易伤害手部的作业场所，如具有腐蚀、污染、灼烫、冰冻及触电危险的作业等处。

1012. “必须穿防护鞋”标志牌装设在何处？

答：“必须穿防护鞋”标志牌装设在易伤害脚部的作业场所，如具有腐蚀、灼烫、触电、砸（刺）伤等危险的作业地点。

1013. “必须系安全带”标志牌装设在何处？

答：“必须系安全带”标志牌装设在易发生坠落危险的作业场所，如电力线路杆塔等高处作业现场。

1014. “从此上下”标志牌装设在何处？

答：“从此上下”标志牌装设在工作人员可以上下的铁（构）架、爬梯上。

1015. “从此进出”标志牌装设在何处？

答：“从此进出”标志牌装设在电力线路户外工作地点围栏的出入口处。

1016. “在此工作”标志牌装设在何处？

答：“在此工作”标志牌装设在现场工作地点处。

1017. 架空电力线路标志有何要求？

答：电力线路每基杆塔均应配置标志牌或涂刷标志，标明电力线路的名称、电压等级和杆塔号。杆塔标志牌的基本形式一般为矩形，白底，红色黑体字，安装在杆塔的小号侧，特殊地形的杆塔，标志牌可悬挂在其他的醒目方位上。同杆架设的双（多）回路标志牌应在每回路对应的小号侧安装，特殊情况可在回路对应的杆塔两侧面安装。110kV 及以上电压等级电力线路悬挂高度距地面 5～12m、涂刷高度距地面 3m；110kV 及以下电压等级电力线路悬挂高度距地面3～5m、涂刷高度距地面3m。

1018. 架空电力线路上的色标有何要求?

答: 耐张型杆塔、分支杆塔和换位杆塔前后各一基杆塔上，应有明显的相位标志。相位标志牌基本形式为圆形，标准颜色为黄色、绿色、红色。同杆塔架设的双（多）回电力线路应在横担上设置鲜明的异色标志加以区分。各回路标志牌底色应与本回路色标一致，色标颜色按照红黄绿蓝白紫排列使用。

1019. 新（改）建电力线路杆塔号如何编制?

答: 新建电力线路杆塔号应与杆塔数量一致，若电力线路改建，改建电力线路段的杆塔号可采用“$n+1$”标志牌或“$n-1$”标志牌的形式进行编制，n为改建前的杆塔编号。

1020. 哪些配电设备上应装设设备标志?

答: 应在配电变压器、箱式变压器、环网柜、柱上断路器、柱上隔离开关、柱上跌落熔断器、柱上避雷器等配电设备上装设设备标志。

1021. 电力电缆标志有何要求?

答: 电力电缆均应配置标志牌，标明电力电缆的名称、电压等级、型号、长度、起止变电站名称。电缆标志牌的基本形式是矩形，白底，红色黑体字。电缆接头盒应悬挂标明电缆编号、始点、终点及接头盒编号的标志牌。电缆为单相时，应注明相位标志。电缆应设置路径、宽度标志牌（桩）。城区直埋电缆可采用地砖等形式，以满足城市道路交通安全要求。电缆两端及隧道内应悬挂标志牌。隧道内标志牌间距约为100m，电缆转角处也应悬挂。与架空电力线路相连的电缆，其标志牌固定于连接处附近的本电缆上。

1022. “单回路杆号”标志牌装设在何处?

答:“单回路杆号”标志牌装设在杆塔的小号侧，特殊地形的杆塔，标志牌可悬挂在其他的醒目方位上。

1023. “双回路杆号”标志牌装设在何处?

答:“双回路杆号”标志牌装设在安装在杆塔的小号侧的杆塔水平材上。标志牌底色应与本回路色标一致，字体为白色黑体字（黄底时为黑色黑体字）。

1024. “多回路杆号”标志牌装设在何处?

答:“多回路杆号”标志牌装设在安装在杆塔的小号侧的杆塔水平材上。标志牌底色应与本回路色标一致，字体为白色黑体字（黄底时为黑色黑体字）。色标颜色按照红黄绿蓝白紫排列使用。

1025. 涂刷式杆号标志如何涂刷?

答: 涂刷式杆号标志应涂刷在铁塔主材上，涂刷宽度为主材宽度，长度为宽度的 4 倍。

1026. 双（多）回路塔号如何表示?

答: 双（多）回路塔号应以鲜明的异色标志加以区分，各回路标志底色应与本回路色标一致，白色黑体字（黄底时为黑色黑体字），标志牌装设在杆塔横担上，以鲜明异色区分。

1027. “相位”标志牌装设在何处?

答:“相位”标志牌装设在终端塔、耐张塔、换位塔及其前后一基直线塔的横担上。电缆为单相时，应注明相别标志。

1028. 相位标志的涂刷有何要求?

答: 相位标志应涂刷在杆号标志的上方，涂刷宽度为铁塔主材宽度，长度为宽度的 3 倍。

1029. “配电变压器”标志牌装设在何处?

答:“配电变压器”标志牌装设在配电变压器横梁上适当位

置，基本形式是矩形，白底，红色黑体字。

1030. “箱式变压器”标志牌装设在何处？

答：“箱式变压器”标志牌装设在箱式变压器正面门的醒目位置，基本形式是矩形，白底，红色黑体字。

1031. “环网柜”标志牌装设在何处？

答：“环网柜”标志牌装设在环网柜正面门醒目处。基本形式是矩形，白底，红色黑体字。

1032. “电缆分接箱”标志牌装设在何处？

答：“电缆分接箱”标志牌装设在分接箱正面门醒目处。基本形式是矩形，白底，红色黑体字。

1033. “分段断路器”标志牌装设在何处？

答：“分段断路器”标志牌装设在分支线杆上的适当位置。基本形式是矩形，白底，红色黑体字。

1034. 电缆标志牌有何要求？

答：电力电缆均应配置标志牌，标明电力电缆的名称、电压等级、型号参数、长度和起止变电站名称。基本形式是矩形，白底，红色黑体字。

1035. “电缆接头盒”标志牌装设在何处？

答：“电缆接头盒”标志牌装设在标明电缆编号、始点、终点及接头盒编号的标志牌。

1036. 电力线路安全防护设施包括哪些内容？

答：电力线路安全防护设施包括安全帽、安全带、临时遮栏（围栏）、孔洞盖板、爬梯遮栏门、安全工器具试验合格证标志牌、接地线标志牌及接地线存放地点标志牌、杆塔拉线、接地引下线、电缆防护套管及警示线、杆塔防撞警示线等装置和用具。

1037. 安全带有何作用?

答: 安全带用于防止高处作业人员发生坠落或发生坠落后将作业人员安全悬挂。

1038. 什么情况下使用安全带?

答: 在没有脚手架或者在没有栏杆的脚手架上工作，高度超过 1.5m 时，应使用安全带。

1039. 安全带存放有何要求?

答: 安全带存放时应避免接触高温、明火、酸类以及有锐角的紧硬物体和化学药物。安全带应标注使用班站名称、编号，并按编号定置存放。

1040. 杆塔拉线的安全防护有何要求?

答: 在电力线路杆塔拉线的下部，应装设防护套管，也可采用反光材料制作的防撞警示标识。防护套管及警示标识，长度不小于 1.8m，黄黑相间，间距宜为 200mm。

1041. 接地引下线的安全防护有何要求?

答: 在电力线路接地引下线应采用反光材料制作的防撞警示标识。警示标识，长度不小于 1.8m，黄黑相间，间距宜为 200mm。

1042. 电缆的安全防护有何要求?

答: 在电力电缆的下部，应装设防护套管，也可采用反光材料制作的防撞警示标识。防护套管及警示标识，长度不小于 1.8m，黄黑相间，间距宜为 200mm。

1043. 什么地方应涂刷防撞警示线?

答: 在道路中央和马路沿外 1m 内的杆塔下部,应涂刷防撞警示线。

1044. 杆塔防撞警示线有何绘制要求?

答: 杆塔防撞警示线采用道路标线涂料涂刷,带荧光,其高度不小于 1200mm,黄黑相间,间距 200mm。

附录

分布式发电管理暂行办法

（发改能源〔2013〕1381号）

第一章　总　　则

第一条　为推进分布式发电发展，加快可再生能源开发利用，提高能源效率，保护生态环境，根据《中华人民共和国可再生能源法》《中华人民共和国节约能源法》等规定，制定本办法。

第二条　本办法所指分布式发电，是指在用户所在场地或附近建设安装、运行方式以用户端自发自用为主、多余电量上网，且在配电网系统平衡调节为特征的发电设施或有电力输出的能量综合梯级利用多联供设施。

第三条　本办法适用于以下分布式发电方式：

（一）总装机容量5万kW及以下的小水电站；

（二）以各个电压等级接入配电网的风能、太阳能、生物质能、海洋能、地热能等新能源发电；

（三）除煤炭直接燃烧以外的各种废弃物发电，多种能源互补发电，余热余压余气发电、煤矿瓦斯发电等资源综合利用发电；

（四）总装机容量5万kW及以下的煤层气发电；

（五）综合能源利用效率高于70%且电力就地消纳的天然气热电冷联供等。

第四条　分布式发电应遵循因地制宜、清洁高效、分散布局、就近利用的原则，充分利用当地可再生能源和综合利用资源，替代和减少化石能源消费。

第五条　分布式发电在投资、设计、建设、运营等各个环节均依法实行开放、公平的市场竞争机制。分布式发电项目应符合有关管理要求，保证工程质量和生产安全。

第六条　国务院能源主管部门会同有关部门制定全国分布式

发电产业政策，发布技术标准和工程规范，指导和监督各地区分布式发电的发展规划、建设和运行的管理工作。

第二章　资源评价和综合规划

第七条　发展分布式发电的领域包括：

（一）各类企业、工业园区、经济开发区等；

（二）政府机关和事业单位的建筑物或设施；

（三）文化、体育、医疗、教育、交通枢纽等公共建筑物或设施；

（四）商场、宾馆、写字楼等商业建筑物或设施；

（五）城市居民小区、住宅楼及独立的住宅建筑物；

（六）农村地区村庄和乡镇；

（七）偏远农牧区和海岛；

（八）适合分布式发电的其他领域。

第八条　目前适用于分布式发电的技术包括：

（一）小水电发供用一体化技术；

（二）与建筑物结合的用户侧光伏发电技术；

（三）分散布局建设的并网型风电、太阳能发电技术；

（四）小型风光储等多能互补发电技术；

（五）工业余热余压余气发电及多联供技术；

（六）以农林剩余物、畜禽养殖废弃物、有机废水和生活垃圾等为原料的气化、直燃和沼气发电及多联供技术；

（七）地热能、海洋能发电及多联供技术；

（八）天然气多联供技术、煤层气（煤矿瓦斯）发电技术；

（九）其他分布式发电技术。

第九条　省级能源主管部门会同有关部门，对可用于分布式发电的资源进行调查评价，为分布式发电规划编制和项目建设提供科学依据。

第十条　省级能源主管部门会同有关部门，根据各种可用于分布式发电的资源情况和当地用能需求，编制本省、自治区、直辖市分布式发电综合规划，明确分布式发电各重点领域的发展目标、建设规模和总体布局等，报国务院能源主管部门备案。

第十一条 分布式发电综合规划应与经济社会发展总体规划、城市规划、天然气管网规划、配电网建设规划和无电地区电力建设规划等相衔接。

第三章 项目建设和管理

第十二条 鼓励企业、专业化能源服务公司和包括个人在内的各类电力用户投资建设并经营分布式发电项目，豁免分布式发电项目发电业务许可。

第十三条 各省级投资主管部门和能源主管部门组织实施本地区分布式发电建设。依据简化程序、提高效率的原则，实行分级管理。

第十四条 国务院能源主管部门组织分布式发电示范项目建设，推动分布式发电发展和管理方式创新，促进技术进步和产业化。

第四章 电 网 接 入

第十五条 国务院能源主管部门会同有关方面制定分布式发电接入配电网的技术标准、工程规范和相关管理办法。

第十六条 电网企业负责分布式发电外部接网设施以及由接入引起公共电网改造部分的投资建设，并为分布式发电提供便捷、及时、高效的接入电网服务，与投资经营分布式发电设施的项目单位（或个体经营者、家庭用户）签订并网协议和购售电合同。

第十七条 电网企业应制定分布式发电并网工作流程，以城市或县为单位设立并公布接受分布式发电投资人申报的地点及联系方式，提高服务效率，保证无障碍接入。

对于以 35kV 及以下电压等级接入配电网的分布式发电，电网企业应按专门设置的简化流程办理并网申请，并提供咨询，调试和并网验收等服务。

对于小水电站和以35kV以上电压等级接入配电网的分布式发电，电网企业应根据其接入方式、电量使用范围，本着简便和及时高效的原则做好并网管理，提供相关服务。

第十八条　鼓励结合分布式发电应用建设智能电网和微电网，提高分布式能源的利用效率和安全稳定运行水平。

第十九条　国务院能源主管部门派出机构负责建立分布式发电监管和并网争议解决机制，切实保障各方权益。

第五章　运 行 管 理

第二十条　分布式发电有关并网协议、购售电合同的执行及多余上网电量的收购、调剂等事项，由国务院能源主管部门派出机构会同省级能源主管部门协调，或委托下级部门协调。

分布式发电如涉及供电营业范围调整，由国务院能源主管部门派出机构会同省级能源主管部门根据相关法律法规予以明确。

第二十一条　分布式发电以自发自用为主，多余电量上网，电网调剂余缺。采用双向计量电量结算或净电量结算的方式，并可考虑峰谷电价因素。结算周期在合同中商定，原则上按月结算。电网企业应保证分布式发电多余电量的优先上网和全额收购。

第二十二条　国务院能源主管部门派出机构会同省级能源主管部门组织建立分布式发电的监测、统计、信息交换和信息公开等体系，可委托电网企业承担有关信息统计工作，分布式发电项目单位（或个体经营者、家庭用户）应配合提供有关信息。

第二十三条　分布式发电投资方要建立健全运行管理规章制度。包括个人和家庭用户在内的所有投资方，均有义务在电网企业的指导下配合或参与运行维护，保障项目安全可靠运行。

第二十四条　分布式发电设施并网接入点应安装电能计量装置，满足上网电量的结算需要。电网企业负责对电能计量进行管理。

分布式发电在运行过程中应保存完整的能量输出和燃料消耗

计量数据。

第二十五条　拥有分布式发电设施的项目单位、个人及家庭用户应接受能源主管部门及相关部门的监督检查，如实提供包括原始数据在内的运行记录。

第二十六条　分布式发电应满足有关发电、供电质量要求，运行管理应满足有关技术、管理规定和规程规范要求。

电网及电力运行管理机构应优先保障分布式发电正常运行。具备条件的分布式发电在紧急情况下应接受并服从电力运行管理机构的应急调度。

第六章　政策保障及措施

第二十七条　根据有关法律法规及政策规定，对符合条件的分布式发电给予建设资金补贴或单位发电量补贴。建设资金补贴方式仅限于电力普遍服务范围。享受建设资金补贴的，不再给予单位发电量补贴。

享受补贴的分布式发电包括：风力发电、太阳能发电、生物质发电、地热发电、海洋能发电等新能源发电。其他分布式发电的补贴政策按相关规定执行。

第二十八条　对农村、牧区、偏远地区和海岛的分布式发电，以及分布式发电的科学技术研究、标准制定和示范工程，国家给予资金支持。

第二十九条　加强科学技术普及和舆论宣传工作，营造有利于加快发展分布式发电的社会氛围。

第七章　附　　则

第三十条　各省级能源主管部门会同国务院能源主管部门派出机构及价格、财政等主管部门，根据本办法制定分布式发电管理实施细则。

第三十一条　本办法自发布之日起施行。